特种野猪
的有机养殖与经营

程效中 主编

中国农业科学技术出

图书在版编目(CIP)数据

特种野猪的有机养殖与经营／程效中主编.—北京：
中国农业科学技术出版社,2014.7

ISBN 978-7-5116-1716-3

Ⅰ.①特… Ⅱ.①程… Ⅲ.①猪-野生动物-饲养
管理-无污染技术 Ⅳ.①S828.8

中国版本图书馆 CIP 数据核字(2014)第 138256 号

责任编辑	徐　毅
责任校对	贾晓红

出版发行	中国农业科学技术出版社
	北京市中关村南大街 12 号　邮编:100081
电　　话	(010)82106631(编辑室)　(010)82109704(发行部)
	(010)82109709(读者服务部)
传　　真	(010)82106631
经 销 者	各地新华书店
网　　址	http// www. castp. cn
印　　刷	北京富泰印刷有限责任公司
开　　本	850mm×1168mm　1/32
印　　张	6
字　　数	150 千字
版　　次	2014 年 7 月第一版　2014 年 7 月第一次印刷
定　　价	16.00 元

《特种野猪的有机养殖与经营》

编　委　会

主　编　程效中

副主编　黄荣生　侯凤林　李冬兰
　　　　　徐永利　张海江

内容提要

　　本书根据作者的实践，博学众家之长，详细介绍了特种野猪的生活习性、驯养繁殖、杂交育种利用、有机猪猪场的设计与猪舍建造、饲养管理、饲料营养与配制、防疫治病、引种以及产品的开发利用，提高猪肉品质与口味；又有针对性地对投资、成本核算、猪场经营进行分析，提出建议，并对有机特种野猪肉食品的加工及烹饪等内容作了一般性介绍和操作方法。

　　本书针对"三农"，介绍了有机特种野猪的概念，执行操作方法，可持续发展的机理及前景，经济效益分析等。内容翔实，有理有据，具有很强的可操作性。文笔通俗，浅显易懂，同时介绍了全国已成规模的饲养基地、农业合作社、农业公司、专家教授、名人行家的养殖经验及建树，面向农村、农民、农业资源的内部循环经济，具有很强的可读性。亦适合家猪养殖场的有机养殖、农林院校师生、兽医及科研单位、星级酒店等单位参考。

前　言

　　自古猪文化丰富多彩，养殖历史悠久，据考我国周朝的养猪技术已趋成熟，我国有95％以上的人群有膳食猪肉的习惯。改革开放以来，全国养猪业不断发展，从传统的分散养殖到工厂化规模养殖，再到深加工，形成了农业中的一个大产业。国家"八五"星火计划科研成果"特种野猪"，随着经济的飞速发展应运而生，这个新成员的加入，给养猪业增添了活力，为产业结构的调整增加了一个新的亮点。怎样才能有效地持续发展呢？出路在哪儿呢？这是当前我国很多有识之士，养殖机构，经济运营专家殷切关心的问题。为了大众健康，按照有机产品国家标准 GB/T19630《有机产品》中的要求，饲喂有机饲料，限制常规兽药、抗生素、饲料添加剂等物质的使用，关注动物福利健康，满足动物自然行为和生活条件，生产安全生态的肉食品就是养殖业的出路，并能持续发展。编著本书，就是为养猪业高产、高效、优质、安全、健康地持续发展，贯彻、落实党中央科学发展观的战略方针，造福"三农"，鼓励农民就地创业，开发利用野生资源，致富奔小康，尽一己之力；并力求突出重点，特别在与家猪养殖方法的不同方面给予指导或建议，强调针对性和可操作性，以期提供有力的技术支持。

随着人民生活质量的提高，有机的安全农产品随着经济的发展提到新的高度，很多人已经认识到化学农业的危害，因此，从化学农业转向现代有机农业是必然趋势。农产品的化学残留、农药残留、兽药残留、激素滥用以及工业污染的水源及有害重金属严重超标，引发多种疾病和疑难杂症，无不损害人民大众的健康乃至子孙的健康。安全的农产品是人心所向，有机养殖是农业可持续发展的必由之路，也是每一位国民的道义之举。

提到有机农业，可能有人认为，野猪是山野之物，在没有污染的山林里生存，我养殖的特种野猪生活在山好水好的环境里，当然是有机肉食品。但它们仍然存在由雨水、污染的河流、森林防虫治虫的农药污染，精饲料生产地及水源污染等因素。而特种野猪是由家猪和纯野猪杂交而生，有 1/2～3/4 的家猪血缘，由于化学农业生产中农作物的种植离不开化肥、农药和被污染的土地和水源，农作物的籽实体都不同程度存在有毒有害物质残留，而家猪饲料中是离不开这些籽实类粮食的，因此，同样存在农药残留和兽药残留。本书将在各章节中贯穿和指导有机特种野猪的养殖中一系列生产方法以及安全猪肉食品的加工贮存。

提起野猪，人们不禁联想起在茂密的森林、连绵的大山中，活跃敏捷、善跑、凶猛的野生山猪。它在我国幅员辽阔的大江南北、长城内外，广泛分布，适应能力、抗病能力、耐粗能力等各项指标都是家猪的数倍。野猪是我国的珍贵野生资源，国家二级重点保护的野生动物。20 世纪 80 年代，我国就对野猪进行科学改良，发挥了其优良性状，提高了繁殖率和抗病力、生长速度和肉食品质。这一科学改良，造福于人民的身体健康，提高了养猪的经济效益，赋予了养猪行业新的血液和内涵。这项科研成果，由 80 ~ 90 年代的杂交利用发展到现在的商品生产，已经步入正常的发展轨道。在党的亲民惠农政策引导下，开发驯养、繁殖、改良利用野猪资源，对农村经济发展和保护野生动物资源有着双重的意义。本书作者于从 80 年代到现在，实践饲养特种野猪，亲身体验其饲养方法的真谛，积累了一些经验和教训。为使这个项目健康而快速地发展，作者特地请教了家猪养殖研究的专家、教授，许多驯化野猪成功的部门及场家和第一线有经验人士，他们是：原国务院禽流感防治小组组长黄荣生教授，广西李冬兰野猪驯化饲养协会会长李冬兰，安徽涡阳县高级职业中学高级教师侯凤林，现代有机循环农业示范企业安徽徐永利、天津天泓集团张海江先生，并与他们合作编写了本书。

全书力求翔实朴素，文笔通俗易懂，突出操作层面的方法、技术，面向广大农村、农民，馈以一线经验，以期为"小规模、大产业、有机安全、健康人类"做点贡献。同时满足人们对美食、安全健康肉食品的需求，并为保护野生动物资源的持续发展和科学的利用做出贡献。

驯养杂交野猪是一门新的学科，目前，仍处于起步阶段，经验并不十分成熟，有待专家及同仁作深层之研究。作者虽以饲养管理为重点，针对与家猪的不同操作方法进行了详尽的叙述，但在生产中，还必须参考借鉴家猪养殖业的经验以及请教有经验的家猪养殖专家及一线有经验饲养行家，以期解决面临的个别难题，不断改进方法，臻于完善。

由于成书时间仓促，书中错误难免，恳请读者、专家、同仁不吝赐教，在此衷心感谢。

程效中
2014 年 7 月于北京

目　　录

第一章　特种野猪的习性

一、关于有机特种野猪的概述

有机野猪的养殖是在家猪、野猪、特种野猪养殖的基础上，实现我国有限资源的可持续利用和发展，改善农业生产环境和方法的一种生产方式，为提高人民大众健康意识，促进化学农业向现代农业转型，有效提高农产品（含种、养产品）质量安全和市场竞争能力，突破国际贸易封锁，加速我国农业产业战略结构性调整，实现农业可持续发展的一项专业技术，也是让人民免受含农药残留和兽药残留及有害重金属超标等有毒有害物质对食品安全的威胁，从而提高食品安全的益民工程。

特种野猪的有机养殖包括转换期、平行生产、引种和制种、饲料、饲料添加剂、饲养条件、疾病防治、非治疗手术、繁殖、运输及屠宰、生产环境等环节。将在以下的章节中陆续讲述，让读者理解什么是有机养猪，什么样的肉食品称得上"安全食品"。

特种野猪又叫杂交野猪、杂交山猪，是猪家族中的新成员。有机特种野猪是在符合饲养场地的条件下使用有机饲料饲养，并且不添加化学合成的药物和添加剂、激素。屠宰加工中不使用化学合成的消毒剂及添加剂，从生产到加工有一套规范的体系，产品达到国标 GB/T19630 的标准，达到肉食品安全。在野猪的前面加上了"特种"，标志着新的科技进步和创新体系的形成——它包括动物科学、杂交遗传学、营养学、饲料学、饲养管理学、畜牧兽医学、环保建筑学、经济学等许多综合学科知识。有机特种野猪就是通过养殖全过程有效控制生产环境、饲料、饮水、养殖条件、疾病及用药、屠宰加工贮藏等一整套系统工程生产的安全猪肉产品。而特种野猪瘦肉率高，营养丰富，肉质鲜美，又是滋补保健、自然生态的天然野味肉食品，是人类追求的健康目标。目前，仍处于高层次的消费，相信不久将逐步成为大众餐桌上的美味佳肴。

化学农业大约有百年历史，由发达国家传入我国，化肥、农药、兽药、激素的大量投入，虽然大幅提高了产量，却带来了环境污染和食品安全问题。农业种植的粮食，不同程度受到农药残留、化学残留、重金属超标等有毒有害物质的污染；肉、蛋、奶由于饲料的农药残留，兽药滥用，残留在肉、蛋、奶中，引起食品的不安全，引发人类的健康问题。

二、野猪的生物学特性

在认识特种野猪前，有必要先了解纯种野猪，以加深认识特种野猪的习性及充分理解为什么要采用的养殖方法。

野猪，即纯种野生山猪，猪科，野猪属，是家猪的祖先。

野猪属山地森林环境中的动物，多栖于山洞或向阳山坡、常绿和密闭的针叶林、阔叶林、灌木林、混交林、山溪、野草丛生的地方。野猪适应能力很强，性情凶猛，家族遍布世界各地。以亚洲、非洲、欧洲较多，南美洲、大洋洲次之。我国幅员辽阔，东西南北中都能找到野猪的踪影，以黄河流域以南各地数量较多。

成年野猪体长120～150厘米，体高60～80厘米。吻鼻尖长而有力，嗅觉灵敏，面部狭长且直，拱嘴以上和眼部以下稍凸，嘴的两侧有獠牙出唇，既是特征又是武器。成年野猪体型前宽后窄，冲击力很强，尾长20～30厘米，直立下垂。头骨侧面呈长三角形，颧骨粗大外扩。成年雄性犬齿为锋锐獠牙，伸出唇外向上曲翘，长达6～12厘米。耳小而竖立，听觉灵敏机警。体被粗稀针毛，脊背部鬃毛粗长，可达5～15厘米左右。四肢短健，前躯发达，善于奔跑。夜间活动范围通常在直径5千米，奔跑速度每小时达40千米左右。成年野猪常具棕黑色、棕黄色，或两种颜色混合色型，也有鼠灰色、花斑色、棕红色等。3岁龄以后的成年野猪毛尖呈黄白色，毛下部黑色或棕色，10岁龄以后花白色。幼仔自枕骨后至臀部有一条棕黑色纵纹，体表两侧各具三条黄棕与黑褐相间的纵纹。成年野猪体重一般70～200千克，东北地区的长白山及大、小兴安岭的野猪可达300千克以上，体长1.6米左右，异常凶悍威猛，活动范围也更大。

野猪属杂食性动物，以树木嫩枝叶、野果、青草、植物地下根茎及块茎为主食，也吃昆虫、鱼、虾、蟹、蚌、螺、蛇、青蛙、田鼠等小动物以及谷实类农作物等。野生山猪数量过多的地区，对农作物危害很大，尤其是玉米、甘薯。野猪喜结群活动捕食，群体大小不等，少则几只，多则十几只。会游水，营游荡性生活。在土质深厚的山地或平原，为防寒防害或繁殖，冬季有挖洞穴而居的习性。无固定巢穴，会衔草做窝，昼伏夜出。多在早晨、傍晚及夜间觅食。极其机敏，易惊恐发怒，发怒时咬牙唖嘴，向前冲撞，人工饲养时要特别防范，以免伤人。喜拱土挖掘和翻石，喜滚泥和在水塘作泥水浴，以降温和防止体表寄生虫滋生。

野猪的生理特征有5个方面。

1. 有换毛特征

分年龄换毛和季节换毛两种：小幼仔猪的条纹斑，4～5月龄自然消失，全部换上棕黑色或杂色的被毛；农历"大暑"节令前后，即夏末秋初，原有被毛开始脱落，同时，逐渐长出新毛，经15～30天，全身新的被毛长齐。具有春季、秋季换毛的特性。

2. 野性十足

野猪听觉灵敏，神经敏感，易受惊发怒，嘴长有力，撕咬和拱斗都具有很强的攻击力和杀伤力。成年野公猪十分强悍，豺、狼等肉食性动物，若单独与野猪较量，都惧怕三分。

3. 适应范围广

野猪既耐寒又耐热，对气候适应能力很强。无论是热带还是寒带，海岛或江河湖泊岸边、山地、平原，都能繁衍生息。

4. 繁殖特点

野猪季节性发情，大多数成年雌性在春季发情，少数在秋季或冬初发情，发情周期一般为 20 天左右，发情盛期持续时间为 1～2 天，每年产一胎；怀孕期 115～120 天，产仔一般 3～8 头，哺乳期 2～3 个月（幼仔体重 5～10 千克）。8～10 个月性成熟，但雌性一般到 1.5 岁时才能初配。公猪在争夺配偶时易打斗。哺乳母猪具有强烈的护仔行为，遇到敌情危急时常拼命抵抗或将幼仔咬死或吃掉。

5. 在野生条件下生长缓慢

1 岁龄左右体重约 25 千克，3 岁龄时 80～100 千克，4～5 岁龄停止生长，寿命 20 年左右。成年野猪屠宰率 65%。肉味有野草与土腥味。

三、特种野猪的由来

所谓特种野猪，也叫杂交野猪，杂交山猪。就是用纯种野猪公猪与优良的瘦肉型家母猪进行自然交配的方法培育的一代、二代、三代的新品种。如杂交一代，就是用纯种野公猪与家母猪交配产生第一代杂种，血缘关系为 50%，遗传学称为二元杂交；用杂交一代母猪再与纯种野公猪交配，产生的后代为杂二代，血缘关系为 75%；杂二代母猪与纯种野公猪再交配产生的后代为杂三代，血缘关系为 87.5%。杂三代的特种野猪与纯种野猪从外形上看基本无差异，但由于多代杂交，商品品质下降，生产率下降，饲养管理困难。因此，在商品生产上只使用杂一代母猪与纯种野公猪再杂交，其后代既保持野猪的外貌特点、品质特征，又具备了比纯种野猪繁殖率高、生长速度快、耐粗饲的优点，具备了比家猪抗病力强，食谱广泛耐粗饲、瘦肉率高的优点，杂交优势显性互补，经济效益十分显著。

四、特种野猪的习性及特点

1. 外貌习性

成年特种野猪保持了纯种野猪的基本外貌特点，体长120～140厘米，体高80～100厘米，体重100～200千克，种猪寿命15年左右。全身棕黑色、棕黄色、红棕色、鼠灰色或花斑色，被毛稀疏露皮，脊背梁鬃毛刚硬竖立，极富弹性，从头顶一直延伸到尾部，长5～15厘米，尾巴比家猪稍长，四肢较细，蹄甲多黑色或浅棕色。前躯和后腿肌肉发达，鼻长，拱嘴坚硬，嗅觉灵敏，警觉性高，会游泳。纯种野公猪2～3年后犬齿会突出唇外，呈向上弯曲状。

2. 行为特点

特种野猪喜群居，怕惊吓，行动敏捷，比家猪动作快，拐弯抹角比家猪灵活，跳栏越障比家猪高而快。两周龄以内的哺乳仔猪可跳高50厘米以上，只用两前蹄轻轻一弹，可向前蹿出一米多远。特种野猪喜食香、甜、腥的食物，7日龄的仔猪就表现出对甜食的兴趣，并有择食的习性。抢食极快，每秒可达4～6次；并有保护自己的吃食位置的习性，竞争和打斗比家猪激烈，常有彼此咬伤皮肤现象。在一般情况下，能与饲养员亲密接触，饲养员在圈内操作时，它们不时用长嘴拱腿、啃鞋、蹭痒、扯饲养员工作服撒娇，如给其抓痒，它也像家猪一样非常舒服地躺下，任人抓挠。有的像狗一样跟随饲养员跑前跑后，十分亲密。如遇突然响动，会炸群惊跑，常撞墙、挤踩，造成伤害。特种野猪在 6～8 个月龄初情，8 个月龄配种，怀孕 114 天左右。纯种野公猪比特种野公猪强悍，识别熟人的能力比家猪强，发怒时会主动攻击人，特别是饲养员以外的陌生人。特种野母猪在怀孕时比较温顺，但在生产后护仔时，无论什么人都会攻击，哪怕是小动物也不放过。每年产仔两窝，每窝平均产仔 8～12 头，一般第一窝产仔 6～8 头。刚生下的仔猪浅黄棕色，身上有黑棕色纵条纹，极其美丽可爱。刚生下的仔猪 5 分钟即可站立行走，10 分钟左右可以找到奶吃，一个小时后可在圈内活动。正常情况下，2 小时左右母猪产仔全部结束。母猪会舔干羊水，吃掉胎衣胎盘，使圈舍内干干净净，然后轻轻卧下，任由新生仔猪拱奶或贴身熟睡。有机特种野猪的繁殖要求原生态、自然性，但在冬季或初春北方仍需有产房及仔猪保温箱等设备，以提高仔猪成活率。

3. 耐粗饲

与家猪的饲料和饲养管理相比较，特种野猪的饲料品种宽泛，配合饲料营养标准也没有家猪质量标准高，有时因自然或人为的条件不具备，短期内单一饲料也不会出现代谢疾病。放养的特种野猪，不怕热、冷及刮风下雨，适应能力很强。在特种野猪的人工饲养中，多使用有机原料配合饲料，营养成分合理地搭配。与家猪相比，它比较耐粗饲，饲料来源广泛，如有机野草、水草、蔬菜、甘薯、土豆、南瓜、西瓜皮、菠萝皮、干鲜藤蔓、树叶、鲜秸秆、人工种植的有机牧草等均可食用。青粗饲料最高可占日粮饲料总量的70%。消化能力是家猪的1～2倍。特种野猪各年龄阶段，各种体重阶段均应有饲喂标准和大量青、绿饲料搭配。采取放养方式饲养的特种野猪，尽管可寻得食物，但每日还必须饲喂相应的精料，以促进其身体各器官正常生长发育。

4. 抗病力强

特种野猪由于是一个杂交体，在猪家族中极抗疾病袭扰，适应能力很强，在正常防疫条件下，饲养管理水平良好，基本不生病。试验证明，从小批量引种7.5～10千克仔猪开始试养，到产下第二代仔猪，反复四年，除遇到仔猪黄、白痢、寄生虫外，从未发生传染病或群发性病菌感染的疾病。有时当地发生烈性传染病疫情，家猪大部分被感染，特种野猪并未做特殊护理，仍可安然无恙，形成鲜明对比。当然，这与加强防疫与精心饲养管理，环境条件优越有关。而猪是易感动物，规模化集约饲养就要十分谨慎，加强饲养管理，以预防为主，要根据当地疫情制定切实有效的防疫程序。

5. 群体位次明显

特种野猪与家猪一样，群体位次明显。在群体中，无论是仔猪或成猪都按位次采食和睡觉，形成有规律有秩序生活。但为了位次，多次争斗、撕咬、排外或失败者被迫逃跑或规避一隅；胜利者趾高气扬，见同伴就咬或示威，逐步形成了位次。有机饲养要求群体的自然平衡与平等的福利待遇。

6. 容易调教驯化

特种野猪由于血缘中占50%以上的野猪基因，饲养管理比家猪难度大，如果圈养，常跳圈逃跑，胆小怕惊，但也并非不可调教。要多接触，建立条件反射，如人为设计信号，给它挠痒、喂料、诱食、训练固定地点排便、转移撕咬、争抢食物行为，疏导发情期公猪和产仔后母猪攻击人的行为等等，驯化成功率很高，而放养比圈养有更多优势，更便于管理和操作。

7. 对温度变化敏感

虽然是野猪，但圈养种猪，刚出生的仔猪，刚断奶的仔猪是薄弱环节，对外界温度敏感，一旦受凉受热，都会对肌体产生不良影响，轻则几天不长，重则生病。

8. 生长发育有规律

第一阶段体重在10～15千克以前哺乳期，加上人工补充饲料，骨骼发育最快，其次是肌肉，再次是脂肪沉积；第二阶段体重在15～40千克，骨、肌生长迅速，此阶段较耐粗饲，青饲料可占50%以上，贪吃好动；第三阶段体重在40～100千克，肌肉、脂肪生长较快，骨骼次之。本阶段仍然好动，攻击性很强，随着体重增加逐步温驯，受惊后奔跑极快。人工饲养应逐步增加精料以促出栏。全程6～12个月，有条件的可从第二阶段中后期开始驯化散养放牧，并及时补充精料以促增长。

9. 杂交选育与出栏

根据特种野猪特性，人工饲养采取工厂化育种繁殖，采取纵交或横交，培育杂交二代作为商品代，以传统放牧式育肥。由于野猪肌间脂肪少，通过与家猪杂交的二代以后品质有所改善，但长江以南的特种野猪体重应在 75~100 千克出栏，超过此限，脂肪沉积过多，生长缓慢，品质下降。黄河以北地区，由于纯种野猪个体大，可适当提高出栏体重，一般应在 100~150 千克，但是要适时调整饲料及运动量，保证胴体脂肪层的适度，根据市场需求调整。我国中部地区可根据地形及南北气候差异介于两者之间。

习题：

1. 野猪有哪些习性？

2. 什么是特种野猪，一代，二代各有哪些习性？

3. 为什么要饲养特种野猪？

4. 什么是有机特种野猪？

5. 有机特种野猪饲养与家猪常规饲养有哪些区别？

第二章　特种野猪有机养殖场的设计与建造

一、场址的设计

1. 猪场设计原则

根据国家政策，审批国土租用资质、土地使用面积、养殖规模、环境保护、资金、经营方向、生产、水源、饲料、气候条件、养殖技术、个人能力等综合调研，认真考察，全面规划，得出结论后，再下决心制定规模大小和经营运作的方案。

有机特种野猪场设计的合理与否，关系到能否有效地组织生产安全商品代产品（终端产品），提高品质和产量及经济效益的关键问题。以前由于缺少农业技术人才，靠主观意向和传统养猪法建造的一些规模化的猪场，在整体规划、布局、环境、建造、设备、设施及持续发展等方面存在很多缺陷，以致在环境保护、疾病防治、生产区隔离等方面难以实施计划与目标，给生产和操作带来不便，给猪群健康带来威胁，阻碍了猪场的正常运营，使经济遭受巨大损失。因此，猪场的设计与建造，应根据野猪的生物学特性，应有利于环境保护和利用，有利于严格执行各项卫生防疫制度，有利于组织生产，以及提高设备利用率和水、电、路、信息四通，以及自然资源的最大、最优化利用和人为改造场地等条件综合设计。

2. 场地总体规划

有机特种野猪场一般按全年主风向（夏季和冬季经常的风向）而制定坐落朝向，如夏季常刮东南风，冬季常刮西北风，朝向应为坐西北朝东南。特种野猪场可分四个功能区：生活区、生产管理区、生产区、隔离区。

（1）生活区

内设职工宿舍、食堂、文化娱乐室。应设计在主风向的一侧。

（2）生产管理区

内设办公室（含销售、经营、日常事务）、接待室、财务室。生活必需设施应单独设立，与生产区远离并隔离。行政、生产办公室、会议室、饲料加工车间、饲料储存仓库、生物药房、供电供水设施、车库、工具库、消毒池、洗澡更衣间等。毗邻生产区，相通的出入口应建消毒池，并设值班室管理出入，负责进入生产区的人或物的消毒。建设出猪台装车外运销售。

（3）生产区

内设种猪舍、母仔舍、育肥舍、消毒室、工具室等。面积一般应占总场面积的 70% 以上。四周建围墙与外界隔离。种猪区要单独设立，种公猪舍应设在夏季主导风向的上首。育肥舍应设在下风向。连成排的猪舍间距离要在 2～4 米以上，通风、防寒、隔热和便于操作，便于防疫消毒。

（4）隔离区

内设兽医治疗室、隔离猪舍、尸体剖检或处理设施、粪污处理设施、垃圾处理站等。这些建筑设施应远离生产区，设在猪场的下风向，地势较低，利于消毒、污水处理、病猪的转移及销毁等处理，避免影响健康猪群。

3. 地形地质要求

在平原地区的有机特种野猪养殖场应在地势高燥、雨后不积水、易于排水的地方建场。土壤要求透气性好、易渗水、热容量大，并避免在旧养猪场址上、废弃化工厂及畜禽屠宰场新建养殖场。远离噪声大、污染严重的工厂。丘陵山地要求有缓坡，角度不大于30度，向阳。在丘陵山地建场要防止山体滑坡、泥石流等地质灾害的发生，防止冬季北风侵袭，要通风良好，防止潮湿的环境。低洼地，山凹处，会滞留猪场污浊空气，极易造成空气污染或传播疾病。

二、环境的选择

目前，有机食品是最时尚健康安全的食品。作为人类直接的肉食品，是否能达到的国家有机农产品标准，是当今养殖业的首要问题。为了人类的健康，为了生产合格的农牧产品，提高农产品档次，在建设猪场的设计中，一定要把环境标准纳入决策计划，必须选择无工业污染、无农药污染、有机饲料生产安全、无毒无害、农药无残留、水源无污染的优良环境，符合有机农产品标准的场地。同时，还要考虑到气候、交通运输、资源配置、场地条件、社会安全等因素。尤其在秦岭、淮河以北地区，常受西北、东北冷空气侵袭，气候变化幅度大，要防御自然灾害的发生，必须考虑建立稳妥的防范措施。如存在不可逾越的困难或须花大本钱、大气力防范或改造，则不宜建场。

国家提倡的立体种植、循环经济，生态效益，节能减排，达标排放，为养殖、种植指出了方向。在猪场周围广栽用材速生树，既可挡风防沙，调节小气候，又能产生经济效益。在猪舍之间的走道边栽植果树或中药用树，如棚架葡萄、猕猴桃、木本金银花、桃、李、杏、石榴、枇杷、柿等，夏季生产水果，提高收入，冬季利用棚架搭上塑膜作为暖棚，一举两得。主干道种植适合当地生长的水果树，密植成行，修剪整枝的时候，把主枝修成双臂人字形，伸向前、后猪舍，以起到盛夏降温、调节小气候的作用。这样做，一是合理利用了地力，既是猪场，又是果园或中药材园，最大限度地发挥资源优势；二是利用了空间，可减少50%的酷暑降温费用，调节了小气候，净化了空气；三是发挥中医药防病作用，葡萄叶起收敛、抑制肠道有害细菌滋生的作用；桃、杏的叶驱虫，富含维生素 B、C，有防病、增强免疫力的作用；柿、石榴叶涩肠，可防痢疾和腹泻；枇杷叶止咳定喘，可防猪呼吸道病；金银花消炎解毒，可防治多种疾病。果树结果后，还可上市销售，增加猪场整体效益。

放养在山林或海岛的特种野猪，在做好防范人为破坏和自然伤害的同时，应充分发挥自然优势，利用自然条件广造经济林和种植牧草，形成生态养殖模式。

三、具备四通

1. 水通

水通指淡水资源（江河湖泊、山泉、地下水）充足、无污染、无毒无害，符合国家饮用水标准的水源，并包括抽取地下水方便、充足，储水罐能封闭，不受气候、地理条件、人为因素限制的用水环境。排水方便畅通，粪便无害化处理，达标排放，做到无污染环境和地下水源污染以及影响居民生活质量的排放条件。水井与排水距离相隔不足 50 米以下的，为不合格水源。这会给猪场经营运行造成损失、给管理人员健康造成危害。

2. 电通

电通指照明用电、提水及水处理用电、饲料加工用电、管理用电、生活用电的及时和通畅。在断续供电地区，必须配有相应的动力柴油机发电机、风力发电机以备停电时应急，不可凑合。有条件的地方可自设变压器，不受高峰负荷的限制。南方水资源丰富，如采用放养，可发展小水电，成本低，一次投资，多年受益。还可发展沼气发电、风力发电、太阳能发电等，自给自足。

3. 路 通

路通指交通方便，不管天气如何变化，或者季节的变更，都畅通无阻。靠路建场，目的是交通方便，进出不受路况条件限制。由于猪是生物体，受外界条件的影响，因此必须远离传染源以及噪声的干扰。根据以往的经验，猪场应距铁路、国家一级、二级公路不少于 3 000 米，距三级公路不少于 2 000 米，距乡村四级公路不少于 1 000 米。

4. 通讯信息通

电话线路、手机信号、电脑宽带光缆及电视信号是目前信息通讯及传媒的现代有效工具，在选址时必须设计线路，以备特殊情况下应急，做到信息通畅，减少损失，节约开支。

四、选址

1. 社会联系

社会联系是指野猪养殖场与居民点的关系，与供电部门的联系，饲料基地设立，防疫体系的建立，猪场生产污水处理达标的排流方向，猪场气味扩散的范围和方向及居民点对猪场生产造成的各种相互影响。这些都将影响猪场的正常运营，不应选择人为的阻力重重的地方建场。在一般情况下，猪场距居民点不应少于 3 000 米，大型猪场不少于 5 000 米，越远越好。距其他禽畜养殖场不少于 3 000 米，距化工厂、屠宰场不少于 5 000 米。另外，对电的价格及供电规律等都应做调查研究，确保建场后正常生产经营。

2. 生态化选址

改革开放以来，农业、林业科技得到迅猛发展，人们向往自然、崇尚自然，时尚有机产品，已成为当前的发展主流。在选址建场中，生态化是一个原则性的问题。在处理好猪场的粪便及污水的基础上，利用粪便发酵产生的沼气可发电和供应生活、照明能源，还可利用发酵后的粪便作优质的有机肥植树造林、培养水质搞水产养殖、种植牧草与饲料粮、浇灌果树、蔬菜施肥、改良盐碱地等。要全面规划建成一个以养猪为主的生态农场（图2－1）。

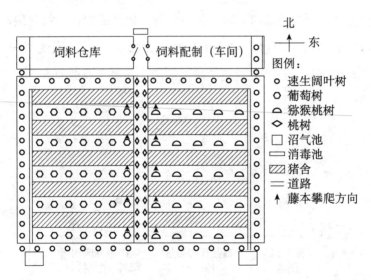

图2－1 生态养猪场模式平面示意图

3. 荒山坡圈地建场

在山区，山多人稀，可选择能长草、地形较平缓的荒山。山下或山上有泉或流水，地下水源充足。最宜在有野猪经常出没的地方建场，因为这样的场地最适宜野猪生存，可以省去许多人为的仿造和模拟原生态环境，节省费用，从而把有限的资金投入到扩大种群、贮存饲料上。这种建在山上的圈舍由于空气新鲜，活动场地宽阔，冬暖夏凉，猪群的活动范围大，身体健壮，抗逆性强，屠宰瘦肉率高，是极佳的肉食品。在陕西丹凤县、武汉新洲、广西壮族自治区（以下称广西）邕宁、东北三省等地就有这样的模式。在育肥猪体重达35千克以上时放入山林，为调节市场淡旺季，野母猪空怀时也可放入山林，按时饲喂，既节省饲料，降低了养种猪的成本，又提高了育肥商品猪的质量（图2-2）。围栏放牧场地是采用铁丝材料编网或把铁制网片焊接固定在围栏柱上，形成"圆"形或"田"字形的围场，使猪在规定的场地活动。其参考数据如下。

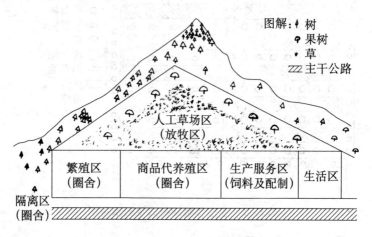

图2-2 山地施养示意图

（1）围栏面积

一是大范围，面积在100～1 000亩以上（1亩≈667平方米)。要求山地能生长植物，有天然的成片的树林，无天敌如狼、野狗、大型猫科动物、毒蛇等。可放养1 000头以上的商品育肥猪，在中间向阳背风的位置建猪舍，并设置喂料槽和饮水槽。二是小范围，以10亩以下为一方形格，每格内人工种草、植树，格内设有圈舍、饮水槽，组成多格形式，如"田"字格等，可饲100头育肥商品猪。

（2）围栏内坡度

在30度以下，原则是坡度要小，平坦开阔，背风向阳，树木丰茂，杂草丛生，隐蔽性强，水源无毒无害、充足易取。

（3）围栏规格

每隔5米埋一立桩，一般使用角铁或钢管做桩，埋设深度0.4～0.5米，桩高1.4～1.6米，两桩之间用铁丝网片各固定在桩上。孔眼大小可视需要而定。

4. 利用海岛、江河湖泊的非行洪区建场

海岛建场成功的范例，是浙江象山野猪驯养研究所，在2007年，开发利用11个荒岛屿放养特种野猪。利用海岛放养，把断奶后20～30千克以上的仔猪放养到海岛育肥，岛上的荒草成了野猪的饲料，每天喂一次料。岛上建有无围栏圈舍和固定淡水槽，以备喂料、饮水和下雨、刮风时躲避之用。平时仔猪四散觅食，圈舍内无猪，出栏时集中捕捉。海岛育肥猪很少生病，免疫力极强，瘦肉率极高，肉质极鲜美。

江河湖泊沿岸或岛洲建场可依山傍水，场址应选在常年最高水位的上面，以免遭受涝灾。不能建在洪水道上，以防洪水暴发，也不能建在行洪区或泄洪区，以免涝灾。虽然野猪天生会游水，但水流量大时洪水的旋涡会把猪卷走，而猪场固定建筑也会遭到严重破坏。在水边建场，最优越的条件是环境好，还可利用廉价小杂鱼及水产品充当蛋白质饲料。

5. 利用废砖窑建场

砖窑由于长期用土制坯，一般比较低凹或高低不平，要整理出一个平坦、向阳的地面。方法是：把低凹的深坑加深，用挖出的土填高其他小的低凹部分，整成北高南低的向阳面，有利排水，建起圈舍；挖深坑蓄水，有条件的可与邻近河流相通，用沼气废渣培养水质兼搞水产养殖，然后仿生态设计建场。

6. 利用盐碱地建场

远离居民区的盐碱地，寸草不生，荒废闲置，每逢干旱季节，风卷尘土飞扬，造成空气污染，无法耕种农作物。盐碱地虽不利农作物的生长，但对养殖却十分有利，有研究证明盐碱地能抑制病原菌滋生。为充分发挥土地利用率，可在盐碱地上建场。首先是要加高猪舍地基，修建完整的排水排污系统、污水处理系统、交通系统等功能性设施；再植以耐盐碱的农作物、灌木、果树、牧草及经济树木，施以沼气废渣，中和盐碱，把盐碱地改造成良田。以防风挡沙、防暑降温，增加生态效益。

7. 利用废旧的工厂

在远离城乡的一些废旧破产的小工厂，只要不是化工厂及生产有毒有害产品的工厂、畜禽屠宰场、旧畜禽养殖场，都可改造利用。因地制宜，科学规划，可以使它焕发新的青春。

五、猪舍的构造

由于各地气候不同，猪舍构造各异，这主要是为了适应当地气候变化，操作管理方便，防疫防病，有利猪群健康，取得养殖成效，产生良好的经济效益。

1. 母仔舍

母仔舍又叫种母猪舍，是母猪怀孕后期、生产仔猪、哺乳仔猪的场所，地处种猪舍区。母仔舍须背风向阳，南北朝向，地面坡度 1~3 度。圈舍南、北长 9 米，东、西宽 3 米，围栏高 1.4 米。卧室上盖人字形，木瓦结构或水泥制品与瓦结构。舍顶距地面高 3 米，檐高 2.5 米以上。南北墙及卧室后墙宽 0.24 米，南面留门。如建成排猪舍，圈与圈之间的隔墙 0.12 米。舍内一侧建浴池，长 2 米，宽 1 米，高 0.3 米，水泥砂浆抹光滑，不留棱角，池底一头留排水孔，直径 2 厘米。在浴池与栏门之间建一食槽，长 2 米，宽 0.3 米，高 0.2 米。另一侧，靠栏门的一角建一个长方形围栏供仔猪开食，叫开食圈，又叫圈内圈，气温低时可做初生仔猪保温箱，长 2 米，宽 1 米，高与母仔舍围栏相同，约 1.4 米。开食圈墙宽 0.12 米，用水泥砂浆抹面。在向卧室的一头，靠地平面向上留一门洞，高 0.3 米，宽 0.25 米，用水泥砂浆抹平滑内面，角处抹圆，不留棱角。洞门的上部抹成半圆形，并要求光滑。仔猪开食圈内设固定水泥结构的食槽直达两头，长 1.5~2 米、宽 0.2 米、高 0.15 米，用水泥砂浆抹光滑。仔猪开食圈上制作一个活动盖板，以防雨天、酷暑及严寒天气。平时立靠在母仔舍外的围栏墙边，也就是圈外的走道边。开食圈的门洞靠隔墙的一侧建一水槽，长2米，宽1米，高0.5米，位置在开食圈外墙与卧室之间，并留排水孔以利换水及洗刷消毒饮水槽之用（图2-3）。

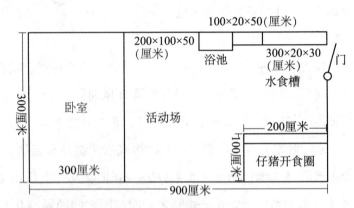

图2-3　母仔舍平面示意图

平面示意图说明：

① 仔猪开食圈内的食槽，每次喂料后要清理干净，以防剩余饲料酸败或冰冻。

② 母仔舍门用钢筋或钢管焊接成活动门。规格：长1200毫米，宽900毫米，一边焊两个固定管，另一边焊门栓。

③ 母仔舍要背风向阳，可根据场地大小连续建造2间、5间、10间、20间，以节约建材，减少固定资产投资。北方冬季严寒地区，连续间数要相对少，约10间，以利搭建塑料大棚保温。卧室后墙要留墙洞，以利夏季通风。

④ 紧靠圈外是排水沟，用水泥盖板封闭，定期清理消毒，

以防蚊蝇和病菌滋生。

⑤ 卧室、浴池均为平面；活动场地和开食圈、食槽、水槽前高后低，倾斜3度左右，每池要在底部留排水孔，面向排水沟，直径2~3厘米。

2. 育肥猪舍

育肥猪舍比母仔舍结构简单，猪舍规格大小与母猪舍相同，只是舍内无仔猪开食圈围栏；食槽在左侧，饮水槽、浴池在右侧。连排建造的猪舍，食槽、饮水槽均靠栏门的左右侧，规格结构保持一致，以利操作。并定期在运动场或牧场放牧（图2-4）。

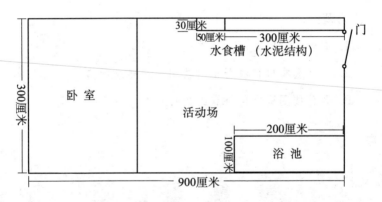

图2-4 仔猪断奶后的圈舍平面示意图

说明：

① 育肥舍浴池、母仔舍、食槽、饮水槽与母仔舍规格相同。

② 可连续10间以上。

3. 公猪舍

公猪舍应建在种猪区，背风向阳，环境优雅。公猪舍的位置应在当地夏季主风向的上首，构造与育肥猪舍相同。

采用圈养的特种野猪，圈舍应设土地运动场，让育肥猪及种猪每天都得到足够的运动；有放牧条件的养殖场，要将特种野猪放养于不受污染的场地，以天然植物喂养，如野菜、野草、野果、树叶、农作物秸秆、甘薯等；荒山及山林的野果、板栗、大枣、核桃、橄榄、枇杷果等。放牧速生树林中的特种野猪，恢复野生状态，增强免疫力，降低成本。

习题:

1. 有机特种野猪场怎样选址？

2. 为什么有机特种野猪对饮用水源要求严格？

3. 各种猪圈舍有何特点，为什么？

第三章 特种野猪有机饲料及营养

一、饲料与营养概述

有机猪饲料必须满足以下条件。

①饲料原料中至少有 50% 来自本场有机饲料基地或有合作关系的有机农场；饲料生产应符合国家标准 GB/T19630 有机产品中《作物种植》的要求。在养殖场实行有机管理的第一年，可用基地生产的有机饲料饲喂本场的猪，但不能作为有机饲料出售。

②当有机饲料短缺时，允许购买常规饲料。但不得超过 25%。

③日粮中必须配以粗饲料、青饲料或青贮饲料。

④配合饲料中的各种原料都必须获得有机认证。

⑤在生产饲料、饲料配料、饲料添加剂使用时均不得使用转基因生物或产品。

⑥禁止采用给有机特种野猪饲喂同科动物及其产品；未经加工或经过加工的任何形式的动物粪便；经化学溶剂提取的或添加了化学合成物质的饲料。

猪饲料，即饲养猪所用的材料。动物之所以能够生长，维持正常生理功能，就是因为不断吃进饲料，吸收饲料中的营养，转化成肉、乳、皮、毛及供应体内各器官的生长发育，保持身体发育的平衡。常用的饲料有三大类，即植物类、动物类、矿物质类。任何一种饲料，其中，都包含的营养物质，如水分、碳水化合物、蛋白质、脂肪、维生素和矿物质。在当今科技迅速发展的时代，营养作为一门学科，广泛地应用于养殖行业，促进了养殖业的发展和创新。

科学利用各类饲料，使其发挥最大的效能，这就是饲料的搭配。科学配合饲料能避免浪费，节约原料，保证猪的健康，提高生产能力和产品质量安全，提高饲料利用率，降低养猪成本。

二、饲料的营养种类和作用

一个有机体从外界吸取需要的物质来维持生长发育等生命活动的作用，称为营养。饲料中营养的成分种类很多，作用各不相同，必须了解各种饲料的营养成分，合理科学地搭配，才能满足猪在生长发育中的需要。饲料中的营养包括热能、蛋白质、脂肪、糖类、维生素、矿物质、膳食纤维素和水等，而不同营养元素又具有不同的功用。

1. 水分

自然界存在的淡水资源有地下水（井水、泉水）、江河湖泊水、雨水、雪水等。是否符合饮用水标准，还需要加工和检验。饲养野猪的用水与人用饮水标准相同。野猪通过采食、消化、吸收，输送养分到全身各部，以及功能性的排泄废物、调节体温、润滑关节以及保持正常健康的生长发育和生殖生育等都需要水。野猪体内的水分约占体重的60%，幼仔还要多一些。在损失体内全部脂肪和50%以上的蛋白质时野猪尚能存活，但是，损失20%的水分就会死亡。

水分在野猪体内周转，不断地、充分地供给身体的各个部分，才能满足需要。夏季由于气温高，呼吸加快，身体排热，所以，需水量增大；冬季需水量相对少些。按饲料营养物质计算，每投喂一千克干饲料需要2~3千克水。所以，野猪舍内设水槽，保持经常性的清洁饮水是非常必要的。在饲料中，谷物类饲料含水量均有规定的标准，饲料中水分越大而其他营养成分越少。而新鲜青绿饲料、甘薯、土豆、新鲜豆渣、酒糟，含水量都在60%以上，在饲喂这些饲料时即使不供饮水，也能满足野猪身体对水的需要。饲喂野猪的饮水，应清洁卫生、无色、无毒、无异味、无病原微生物、无有害重金属超标，符合国家饮用水的标准。

2. 碳水化合物

碳水化合物是饲料中的主要成分，是热能的主要来源，可维持体温和肢体活动的能量。在饲料配方中，碳水化合物的能量以"焦耳"为单位计算，以"消化能"命名。碳水化合物包括无氮浸出物和粗纤维两大类。无氮浸出物主要含淀粉和糖，易于消化，营养价值很高，如玉米、高粱、小麦、大麦、稻谷、谷子、甘薯、南瓜、土豆等；粗纤维包括真纤维素、半纤维素、木质素等，普遍存在于茎、叶、种皮里，随植物老化而逐渐增多。秸秆谷壳中粗纤维多达 60%，人工发酵后消化率在 10% 左右。木质素野猪是不能消化的，但一定量的粗纤维饲料在野猪养殖中是必要的，除能提供微量营养外，还有填充作用，促进胃、肠运动，有利于消化和排泄。在饲料配方中，一般不计其营养，只作为增量，补充配方中的重量，使配方中营养和数量完整无缺。粗纤维饲料也可在浸泡、发酵后作为填充料，在饲喂粉料的场、户中广泛使用。

3. 蛋白质

蛋白质是一种高分子结构的复杂物质，它的基本成分是氨基酸，包括赖氨酸、色氨酸、蛋氨酸、苯丙氨酸、亮氨酸、异亮氨酸、缬氨酸、苏氨酸、组氨酸、精氨酸等。这 10 种氨基酸不能在猪体内合成，必须从饲料中获取，因此，称为"必需氨基酸"。日常所利用的饲料如豆饼、花生饼、菜籽饼、芝麻饼、葵花饼、豆粉、棉籽粕、豆科类青草、青菜、树叶等，都是含植物蛋白质较多的饲料；鱼粉、肉骨粉、血粉、奶粉、蚕蛹、蚯蚓粉、蛆粉、黄粉虫粉等属于动物性蛋白饲料。在饲料配方中以百分比或克计算，以不同作用的营养含量搭配一个完整的配方。

饲料中的蛋白质是生命的基础，肌肉、皮、毛、内脏器官、血液细胞、激素、酶、抗体以及公猪的精液、母猪的乳汁，都是以蛋白质为主要原料组成的，其总量在猪体中占

15%～18%，有独特的功能，不能为脂肪和碳水化合物代替。所以，日粮中如果没有蛋白质，即使其他营养元素都充足，野猪的遗传基因和生产性能也得不到发挥。在大量使用植物性原料作饲料时，配料要注意前3种氨基酸，所以，又称赖、色、蛋氨酸为"限制性氨基酸"，加多则浪费，易引起痛风；加少则易患代谢类疾病。而游离氨基酸、氨盐、硝酸盐等氨化物，则称为"非必需氨基酸"，其营养价值和纯蛋白质差不多，在青绿饲料中含量丰富。

猪体缺乏必需氨基酸时，会出现食欲缺乏、生长不良、皮毛粗糙、皮肤发炎、精神失调、贫血、免疫力下降、母猪出现死胎、泌乳量少、质量差、公猪睾丸萎缩或死精等症状。

4. 脂肪

脂肪是有机化合物，由3个脂肪酸分子和一个甘油分子化合而成，存在于动物体的皮下组织以及植物体中。脂肪是储存热能最高的食物，能供给动物体所需的大量热能。脂肪包括真脂肪和蜡、糖脂、固醇等物质。它和碳水化合物一样能够提供热能，产热量达碳水化合物的2.5倍。脂肪广泛存在猪体内各种器官和组织中，起着保护内脏器官和防止体热散失的功能。脂溶性维生素，如维生素A、维生素D、维生素E、维生素K以及胡萝卜素等物均依赖脂肪的作用，才能被吸收并输送给机体各部利用。

野猪对脂肪的需求量不大，一般不需直接添加，它在饲料中占1%，其他青绿及谷物饲料中又有一定含量，一般不易缺乏。不给脂肪饲料，仅用植物饲料足够体内所需。一旦特别缺乏，会出现被毛粗乱、掉毛（换季脱毛除外）、皮肤发炎、发育迟缓、生长不良等症状；但过多的脂肪饲料，也会引起腹痛腹泻、消化不良、种猪发育过肥，影响生育功能。

5. 维生素

人和动物的营养和生长必需的某些少量有机化合物，对机体的新陈代谢、生长发育、健康有极重要的作用。机体长期缺乏某种维生素，就会引起生理机能障碍而发生某种疾病。维生素一般由食物中取得。目前，已发现的维生素有几十种，分工业合成、自然生成两种；从其溶解性质可分为脂溶性和水溶性两大类。在正常饲养条件下，一般维生素不易缺乏，但当饲料单一，缺乏青绿饲料，饲料霉变，天气变化，气温反常，病猪治疗期间受惊吓或高度紧张，母猪哺乳，公猪配种过量等都可能引起缺乏维生素。表3-1列出了养猪业常用的维生素，可供参考。

表3-1　维生素对猪的作用

维生素	性质	作用	缺乏后易产生症状	饲料补充
A、D	脂溶性	促进生长发育，保持机能正常，维护眼部功能	食欲缺乏，视力减退或患夜盲症；仔猪生长停滞；眼肿，皮毛干燥，易患肺炎；公猪性欲低下或死精，母猪不发情或流产、死胎；佝偻病	胡萝卜、青菜、青草、叶片类牧草，动物肝脏
B1（硫胺素）	水溶性	增进食欲，促进消化	食欲减退，生长不良，严重时呕吐、腹泻，皮肤与黏膜发绀，或突然死亡	麸皮、酵母、青绿饲料、牧草干品、米糠

（续表）

维生素	性质	作用	缺乏后易产生症状	饲料补充
B2 （核黄素）	水溶性	还原体内氧化反应的多种酶的组成，养分代谢	四肢弯曲强直，皮肤肥厚，皮肤疹块、鳞屑，溃疡，脱毛，呕吐，眼内障，生长缓慢，影响生殖功能	青绿饲料、豆科类植物，动物饲料
B5 （尼克酸、烟酸）	水溶性	参与细胞的呼吸和代谢	食欲缺乏，脱毛，皮癣，皮炎，下痢	青绿饲料、豆饼、麸皮、酵母、动物性饲料，牧草鲜、干品
B6 （吡哆素）	水溶性	调整机体功能，治贫血	生长停滞，蛋白质沉淀率降低，不同程度的小红细胞性色素贫血	含糖较高的青绿饲料或蔬菜、酵母、小麦胚芽、豆类、花生、糙米、蛋、奶
B3 （泛酸）	水溶性	调整机体功能，促进生长发育	食欲缺乏，生长发育不良，脱毛，运动失调，腹泻，咳嗽，肠充血水肿	青绿饲料
B12 （氰钴素）	水溶性	促进生长	生长停滞，后躯行动失调，母猪繁殖力下降	鱼粉、动物肝脏、螺旋藻、酵母、蛋
C （抗坏血酸）	水溶性	参与细胞间质的生长及体内氧化还原，解毒	生长缓慢，体重下降，心搏过速，黏膜和皮肤有出血斑点，坏死性口腔炎，口、舌黏膜溃疡，牙齿易脱落，贫血，生殖功能减退	胡萝卜、甘蓝、青草、苜蓿、土豆

（续表）

维生素	性质	作用	缺乏后易产生症状	饲料补充
D（鱼肝油）	脂溶性	促进钙磷吸收及骨骼生长	佝偻病，死胎或软骨病	青绿饲料、干草粉、鱼肝油
E（生育酚）	脂溶性	保持生殖器官正常机能	被毛粗乱，消瘦，贫血，食欲减退，神经质，凝血时间延长	苜蓿、青草、米糠、小麦胚芽、葵花饼、芝麻饼
K（抗凝血素）	脂溶性	治疗皮下出血，消化不良，止血	初生仔猪消化不良，皮下出血	菠菜及青绿饲料，苜蓿，动物肝脏

6. 动物性饲料

动物性饲料是指以动物的尸体或部分器官制成的饲料，可调节饲料配方中营养不平衡的不足，常用的有鱼粉、骨粉、牛羊肉骨粉以及蚕蛹、蚯蚓粉、黄粉虫粉、蛆粉、淡水小鱼虾、牛羊屠宰下脚料等动物性干品或鲜品，但都要经过无害化处理方可使用。

动物饲料在饲料配方中比例较小，但粗蛋白含量很高，氨基酸搭配很好。特种野猪由于有 50% 以上野猪基因，杂食性较强，很需要添加营养较全面的动物性饲料。但需要注意以下问题。

① 要使用非猪体的骨肉粉，如牛、羊、鱼屠宰加工的下脚料，以免传染疾病或形成恶癖。

② 生骨肉，海水鱼和淡水鱼要经过蒸、煮、烘干消毒，

防止共患性传染病。

③ 蚕蛹碱性很大，配方中不宜超过5%。

④ 动物性饲料的用量不宜过大，尤其是第一次加入动物性饲料，一般应控制在3%～5%以内，以后逐渐加多，但总量不能超过10%，否则，会引起腹泻或代谢病等不良反应。

7. 矿物质饲料

矿物质饲料是指自然生成的天然化合物，有固定的化学成分。特种野猪所必需的矿物质元素有10多种。当机体中完全缺乏某种元素时，能引起体内代谢紊乱，并引发很多病症甚至死亡。特种野猪所需的矿物质饲料与家猪一样，需要钙、磷、钾、钠、氯、硫。

碳酸钙、石灰石粉、蛋壳粉、贝壳粉都可以补钙，骨粉、碳酸氢钙可以补钙、磷，食盐可以补钠和氯，海盐中还含有碘和其他微量元素。

野猪用微量元素有铁、锌、铜、锰、碘、钴、钼、硒、氟等。在一般情况下，容易缺乏的是，钙、磷、钠、氯、铁，应注意补充。一般以毫克、微克计算。

特种野猪的精、粗、青饲料原料的营养成分含量可参考表3-1。

8. 牧草类

在特种野猪的饲料中，青绿饲料为常规饲料，占总饲料的30%～70%。农户在少量饲养时一般不成问题，如果是上了规模养殖，所需大量的青绿饲草将是一大难题。尤其农药的应用，又局限于草源的面积，这就需要利用荒废地种草养猪。

9. 牧草的种植

特种野猪是单胃动物，尽管盲肠发达，有很强的消化粗纤维的能力，但毕竟不是食草动物，对青绿饲料的要求与牛羊不同，要有选择地人工种植一些适合特种野猪，易消化吸收、经济价值更高的青绿饲料，以降低饲料成本。我国横跨 3 个气候带，地形、土质十分复杂，必须根据当地气候条件、土壤性质，有选择性地种植饲草。在扩群期，以小面积、多品种实验种植到大面积规模化种植，跟上种群扩大的现实，盲目种植则会带来损失。一般来说，皇竹草适合南方种植；串叶松香草、紫花苜蓿、冬牧 70 黑麦、菊苣、籽粒苋、雪里蕻、象草、美洲狼尾草、多花黑麦草、杂交狼尾草、饲料类玉米适合江淮之间以及秦岭、淮河流域和以北地区种植；紫花苜蓿、三叶草、高羊茅、早熟禾、百喜草、适宜在北方贫瘠、干旱地区种植；沙打旺、籽粒苋、黑麦草适宜盐碱地种植；聚合草、鲁梅克斯、紫花苜蓿的耐热性较差，高温多雨地区很难种植成功，适合黄河流域及以北地区种植；象草、杂交狼尾草在北方地区很难保种，仅可作为当年种植利用。

适合特种野猪的饲料有聚合草、鲁梅克斯、菊苣等叶菜类，苜蓿等。其干品含粗蛋白 17% ~ 22%，属于含蛋白较高的品种；黑麦草、冬牧 70 黑麦、紫花苜蓿、籽粒苋适合养猪和更多家畜家禽，适口性很强，可广泛种植。为了营养搭配及适口性，应编制种植模式和计划，以期达到最佳效益。

10. 搭配模式

（1）苜蓿 + 菊苣

多年生，做垄种植，垄宽 1.5 米，高 0.2 米，两垄之间宽 0.4 米，一垄种苜蓿，一垄种菊苣，每垄种两行，垄间种玉米。

（2）俄菜 + 冬牧 70 黑麦

耐寒品种，多年生，垄宽 1.5 米，高 0.2 米，两垄之间宽 0.4 米。冬季罩塑料大棚。可作为补充青饲料（夏、秋季可青贮），适合黄淮以北地区种植。

（3）冬大麦 + 籽粒苋

秋季条播，两耧大麦一耧籽粒苋；也可在冬小麦收获后夏播。

11. 牧草品种特性简介

（1）籽粒苋

籽粒苋是从美国引进，粮饲兼用作物，在华北、东北地区和青海适应良好。高产、生长快、抗逆性强、耐盐碱，可春播，贫瘠之地、荒山、沙滩、沙地等宜在小麦收割后种植，还可与玉米间作。籽粒苋适应性强，全国各地均可种植。播种 70 天左右可收割青饲料，亩产鲜茎叶 7 000～15 000 千克，干品粗蛋白含量 17%，赖氨酸含量 1.02%，是小麦的 2 倍，玉米的 3 倍。

（2）紫花苜蓿 WL - 323

紫花苜蓿 WL - 323 是中国农科院从美国引进的多年生豆

科植物新品种，适应性强，草质优良，富含维生素 A 族、维生素 B 族；产量高，亩产鲜草 8 000 ~ 10 000 千克。再生能力强，每年可收割 4 ~ 5 次，并可改良土壤，保持水土，培肥土力，增加养分。株高 1.5 米，茎粗 0.02 ~ 0.03 米，多分枝，根系发达，叶量丰富，开紫花，种子为黄褐色，肾形，有光泽，千颗重 2.3 克，亩产种子 150 千克。

耐寒耐旱，适于 -40 ~ 40℃，降水量 200 ~ 800 毫米的地区均能正常生长。喜中性或偏碱性土壤，春播 4 月，夏播 6 月，秋播 7 月，亩用种 1 ~ 2 千克。苜蓿品种不耐高温水渍，在秦岭、淮河以南不宜种植。

（3）菊苣

菊科多年生草本植物。一次种植，可连续收割 10 年以上。耐寒、耐热、耐水肥、耐瘠薄、抗病虫害，适应性很强，在饲草中是极好的品种。

菊苣莲座叶丛生，抽茎开花期株高达 1.7 ~ 2.0 米。分枝，叶羽状，折断有乳白色汁液流出。头状花序，单生，蓝紫色主茎粗壮肉质，生长茂盛，一年可收割 4 ~ 5 次，年产鲜叶 6 000 ~ 15 000 千克，干品粗蛋白 26.2%，可干贮，可青贮。

菊苣营养丰富，并有保健功能，还可做食用菌的原料，可谓一草多用。春季播种，做成垅状，以利排水。

菊苣不耐旱，稍耐酸，不耐盐碱、不耐水渍，全国各地均可种植。

（4）鲁梅克斯饲料菜

鲁梅克斯饲料菜从乌克兰引进。抗寒抗旱，耐荒沙、盐碱，不耐酸、高温、水渍。株高 1～1.5 米，可连续生长 15 年，亩产量 15 000～20 000 千克。秋播筑高垄播种，垄间做 0.4 米排水沟，以利排水灌溉和施肥。

鲁梅克斯干品粗蛋白可达 26%，富含维生素 C 及矿物质，适宜青贮、干贮，草粉可做配合饲料、颗粒饲料。

（5）冬牧 70 黑麦

冬牧 70 黑麦是一年生禾本科植物。植株高 1.5～1.8 米，茎粗 0.01～0.015 米，抗倒伏，喜温抗寒，亩产 5 000～7 000 千克，以富含有机质的壤土最为适宜种植，喜肥水。播种时期为秋季 8～10 月份为宜，方法与种冬小麦相同。当植株 0.3 米时就可收割，孕穗粗蛋白含量干品可达 26%，常规收割干品粗蛋白 12%～13%。产种子每亩 250～350 千克。适宜黄淮以南地区栽培。

12. 青绿饲料的贮存

青贮的方法有水泥池青贮法、土窖青贮法、塑料袋青贮法。各种青贮方法基本相同，现以土窖青贮法为例，介绍操作各环节的方法。

（1）土窖青贮法

在地势高燥、土质较硬、排水良好、地下水位低、向阳背风、便于操作运输的地方，挖宽 1.5～2 米的立于地下的方坑，深 1.5～2 米。底部垫塑料薄膜。装料时，每放进 0.25 米厚的青贮料，喷一次添加液尿素水，每吨5千克尿素，成为氨化饲料；喷酵母菌，每吨500克干活酵母，称为微生物或酵母菌发酵法；加酸青贮，禾本科植物饲料每吨加甲酸3千克，豆科植物每吨饲料5千克，这种方法叫加酸青贮法；乳酸菌青贮，能使饲料乳酸发酵，增加乳酸含量，每吨饲料加乳酸菌剂450克，混合均匀后青贮，叫乳酸青贮法。玉米茎秆青贮一般不使用加酸方法。

（2）青贮要点

①土窖。是原始的操作方法，每立方米贮700千克鲜料。水泥池按容量大小青贮；塑料袋青贮由于塑料是圆筒状，所以，在地下也挖成圆筒状，其大小与塑料袋尺寸相配套，不留缝隙，越实越好。

②切碎。用于养猪的青绿饲料要加工得比喂牛羊的细致，鲜玉米秸秆约切0.5~1厘米段，苜蓿、籽粒苋、菊苣可切成3厘米段，以增加野猪的咀嚼时间。

③装窖。每装25厘米厚均匀喷一次添加剂液，然后压实，再装第二层，再喷液一次，再压实。第三层、第四层，如此直至高于窖口40厘米（应高出地面），然后在窖口撒盐，每平方米250~300克，撒完后覆盖塑料薄膜，用土密封20厘米以隔绝空气，保证青贮成功。上压重物高于地面，压实的目的是排除窖中间隙的空气，给发酵菌造成有利的无氧环境，确保不发生霉变。

使用时每开一窖，必须在3~7日内用完，以防杂菌混入，导致青贮饲料腐败。而腐败的青贮饲料必须坚决废弃。

13. 干品制作

在饲草供大于求的情况下，饲草干制可供冬季添加配合饲料之用，兼顾淡季的供应。干制方法如下。

① 在烟叶产区，有许多烘干房，可分层摆在房内烘干，温度可控制在50℃以内，以免损失营养。

② 在室内用烘干机烘干或风干机风干。

③ 晒制。利用晴好天气，摆放在通风向阳的地方晒，利用自然条件，把饲草晒干。

④ 利用闲置厂、棚挂起来阴干，或在树林里挂晾。

14. 名词解释

（1）青绿多汁饲料

青绿多汁饲料主要包括青饲料、块根、块茎、瓜果类及青贮饲料。这类饲料是野猪最爱吃、最常用的饲料，应为其主要食物来源。

（2）青饲料

常用的有苜蓿、苋菜、甘薯、藤叶、青割玉米、青割大麦、空心菜、青白菜、包心菜等。这些青饲料含有丰富的维生素、氨基酸和粗蛋白质。

（3）块根、块茎及瓜果类饲料

主要包括甘薯、南瓜、洋芋、萝卜及食用水果类。这些饲料脆嫩多汁，刺激食欲，有机质消化率高，但不宜单喂，适宜冬春干季搭配采用。

（4）青贮饲料

青贮饲料就是把大量的青绿饲料贮存起来供冬春干旱季节喂用。适宜作青贮饲料的有甘薯藤叶、蔬菜帮、萝卜缨叶、甘蓝叶皮、青草、青玉米叶秆、甜菜叶等。

（5）粗饲料

主要包括干草类、秸秆、藤、蔓、壳、树叶类等。粗纤维含量高，维生素 D 和钙含量丰富，是冬春季主要饲料，但需加工后搭配喂饲。

（6）精饲料

包括能量和蛋白质两大类，蛋白质饲料又分植物性、动物性、其他类 3 种。

① 能量饲料：主要包括玉米、高粱、小麦、大麦、芥子、洋芋、芭蕉芋、稻谷、薯类等，也包括加工后的副产品如碎米、小麦次粉、细米糠、麸皮等。这些饲料虽含能量高，但含蛋白较少，须搭配使用。

② 蛋白饲料：主要包括黄豆、蚕豆、豌豆、豆饼、花生饼、菜籽饼、橡胶籽饼、鱼粉、骨肉粉、血粉等，是饲料配方中不可缺少的品种，应科学搭配。

（7）其他辅助配料

为保证野猪健康快速地生长，在饲料中还应酌情添加维生素、氨基酸、矿物质和其他的一些微量元素，以保证野猪生长发育对各种营养物质的需求。为促其生长，还可酌量加进酵母、酶制剂等，以刺激生长，增强免疫力和预防某些疾病。有机特种野猪常用饲料的营养成分，参见表 3 - 2。

表 3－2 猪常用饲料营养成分含量表（近似值）

序号	饲料名称	干物质(%)	消化能(兆焦/千克)	代谢能(兆焦/千克)	粗蛋白质(%)	粗纤维(%)	钙(%)	磷(%)	植酸磷(%)	赖氨酸(%)	蛋+胱(%)	苏氨酸(%)	异亮氨酸(%)
一、青绿饲料类													
1	白三叶	17.5	2.01	1.93	3.8	3.5	0.25	0.08	0	0.16	0.15	0.14	0.12
2	草木樨	16.4	1.42	1.34	3.8	4.3	0.22	0.06	0	0.17	0.08	0.14	0.03
3	大白菜	6.0	0.80	0.75	1.4	0.6	0.03	0.04	0	0.04	0.04	0.02	0.03
4	胡萝卜秧	20.0	1.66	1.59	3.0	3.6	0.40	0.08	0	0.14	0.08	0.10	0.12
5	甘蓝	12.3	1.26	1.21	2.3	1.6	0.26	0.04	0	0.09	0.07	0.08	0.08
6	甘薯藤	13.9	1.63	1.55	2.2	2.7	0.22	0.07	0	0.08	0.04	0.08	0.08
7	红三叶	12.4	1.38	1.34	2.3	3.1	0.25	0.04	0	0.08	0.05	0.07	0.06
8	聚合草	12.9	1.67	1.59	3.2	1.2	0.16	0.12	0	0.13	0.12	0.13	0.13
9	菊芋	20.0	2.18	2.09	2.3	5.4	0.03	0.01	0	0.06	0.05	0.04	0.04
10	苣荬菜	15.0	1.93	1.84	4.0	1.6	0.28	0.05	0	0.16	0.06	0.16	0.16
11	牛皮菜	9.6	0.88	0.84	2.3	1.2	0.14	0.04	0	0.01	0.06	0.03	0.04
12	绿萍	6.0	0.70	0.67	1.6	0.9	0.06	0.02	0	0.07	0.07	0.08	0.08

（续表）

序号	饲料名称	干物质（%）	消化能（兆焦/千克）	代谢能（兆焦/千克）	粗蛋白质（%）	粗纤维（%）	钙（%）	磷（%）	植酸磷（%）	赖氨酸（%）	蛋+胱（%）	苏氨酸（%）	异亮氨酸（%）
13	豆草	19.3	2.26	2.14	4.8	3.8	0.38	0.05	0	0.19	0.11	0.15	0.17
14	苜蓿	29.2	2.83	2.72	5.3	10.7	0.5	0.09	0	0.20	0.08	0.21	0.17
15	苕子	15.6	1.7	1.63	0.42	0.41	0.13	0.02	0	0.21	0.13	0.16	0.16
16	水稗草	10.0	1.15	1.13	1.8	0.2	0.07	0.02	0				
17	水浮莲	4.1	0.50	0.50	0.9	0.6	0.03	0.01	0	0.04	0.03	0.03	0.03
18	水葫芦	4	0.59	0.54	0.9	1.2	0.04	0.02	0	0.04	0.04	0.04	0.04
19	水花生	10.0	1.17	1.13	1.3	2.3	0.04	0.03	0	0.07	0.03	0.05	0.05
20	甜菜叶	6.9	0.88	0.84	1.5	0.7	0.02	0.03	0	0.01	0.02	0.04	0.04
21	小白菜	7.9	0.92	0.88	1.6	1.6	0.04	0.06	0	0.08	0.03	0.06	0.05
22	包菜	9.1	0.84	0.80	1.9	1.5	0.10	0.04	0	0.09	0.06	0.08	0.07
23	紫云英	13.5	1.63	1.55	3.2	2.2	0.17	0.06	0	0.17	0.11	0.13	0.13
二、块根块茎													
24	胡萝卜	10.0	1.34	1.30	0.9	1	0.03	0.01	—	0.04	0.06	0.05	0.05

（续表）

序号	饲料名称	干物质(%)	消化能(兆焦/千克)	代谢能(兆焦/千克)	粗蛋白质(%)	粗纤维(%)	钙(%)	磷(%)	植酸磷(%)	赖氨酸(%)	蛋+胱(%)	苏氨酸(%)	异亮氨酸(%)
25	甘薯	24.5	3.85	3.68	1.1	0.8	0.06	0.07	—	0.05	0.08	0.05	0.04
26	萝卜	8.1	1.06	1.00	0.6	0.8	0.05	0.03	—	0.02	0.02	0.02	0.01
27	马铃薯	20.5	3.27	3.14	1.5	0.6	0.02	0.04	—	0.07	0.06	0.06	0.05
28	木薯干	90.1	3.18	3.03	3.7	2.3	0.07	0.05	—	0.12	0.06	0.08	0.09
29	南瓜	10.0	1.30	1.26	1.8	0.9	0.02	0.01	—	0.07	0.08	0.06	0.06
30	芜青甘蓝	11.5	1.55	1.47	1.7	1.0	0.06	0.05	—	0.05	0.03	0.04	0.04
三、青干草类													
31	青干草粉	90.5	2.47	2.34	8.9	33.7	0.54	0.25	0	0.31	0.21	0.32	0.30
32	苜蓿干草(日晒)	89.6	6.58	6.11	15.7	23.9	1.25	0.23	0	0.61	0.26	0.64	0.52
33	苜蓿干草(人工)	91.1	7.37	6.82	18.0	21.5	1.33	0.29	0	0.65	0.42	0.55	0.53
34	紫云英草粉	88.0	6.88	6.28	22.3	19.5	1.42	0.43	0	0.85	0.34	0.83	0.81
四、农副产品类													
35	大豆秸粉	93.2	0.71	0.67	8.9	39.8	0.87	0.05	0	0.27	0.14	0.20	0.18

（续表）

序号	饲料名称	干物质(%)	消化能(兆焦/千克)	代谢能(兆焦/千克)	粗蛋白质(%)	粗纤维(%)	钙(%)	磷(%)	植酸磷(%)	赖氨酸(%)	蛋+胱(%)	苏氨酸(%)	异亮氨酸(%)
36	谷糠	91.1	4.69	4.44	8.6	28.1	0.17	0.47	—	0.21	0.25	0.21	0.24
37	花生藤	90.0	6.91	6.45	12.2	21.8	2.80	0.10	0	0.40	0.27	0.32	0.37
38	玉米秸粉	88.8	2.30	2.18	3.3	33.4	0.67	0.23	0	0.05	0.07	0.10	0.05
五、谷实类													
39	大麦	88.0	12.18	11.43	10.8	6.5	0.03	0.03	0.15	0.04	0.45	0.38	0.37
40	稻谷	88.6	11.60	10.97	6.8	8.3	0.03	0.27	0.14	0.27	0.30	0.25	0.25
41	高粱	87.0	14.11	13.31	8.5	1.6	0.09	0.36	0.21	0.24	0.21	0.32	0.35
42	裸大麦	87.4	13.86	13.02	10.7	2.3	0.07	0.32	0.18				
43	荞麦	87.9	11.10	101.38	12.5	12.2	0.13	0.29	0.14	0.67	0.65	0.44	0.42
44	碎米	87.6	14.80	13.90	6.9	0.9	0.14	0.25	0.06	0.24	0.36	0.24	0.25
45	小麦	86.1	13.61	12.77	11.2	2.2	0.05	0.32	0.18	0.35	0.56	0.33	0.40
46	小米	87.7	12.85	12.02	12.0	7.5	0.04	0.27	0.14	0.48	0.37	0.39	0.41
47	燕麦	89.6	12.02	11.30	9.9	9.6	0.15	0.23	0.23	0.58	0.12	0.28	0.28

（续表）

序号	饲料名称	干物质（%）	消化能（兆焦/千克）	代谢能（兆焦/千克）	粗蛋白质（%）	粗纤维（%）	钙（%）	磷（%）	植酸磷（%）	赖氨酸（%）	蛋+胱（%）	苏氨酸（%）	异亮氨酸（%）
48	玉米（北京）	88.0	14.36	13.52	8.6	1.3	0.02	0.21	0.16	0.26	0.48	0.31	0.25
49	玉米（黑龙江）	88.3	14.07	13.27	7.7	2.1	0.03	0.28	0.16	0.25	0.42	0.28	0.25
六、糠麸类													
50	大麦麸	87.0	12.39	11.51	15.5	5.1	0.33	0.48	0.46	0.32	0.33	0.27	0.36
51	大麦糠	88.2	10.22	9.55	12.9	11.2	0.33	0.48	0.46	0.32	0.333	0.27	0.36
52	高粱糠	88.4	12.10	11.35	10.2	6.9	0.30	0.44	—	0.38	0.39	0.34	0.42
53	米糠	86.7	11.35	10.63	11.5	6.5	0.06	1.58	1.33				
54	统糠（三七）	90.0	3.18	3.01	5.4	31.8	0.36	0.43	—	0.21	0.30	0.19	0.12
55	统糠（二八）	90.6	2.09	2.01	4.4	34.8	0.39	0.32	—	0.18	0.26	0.16	0.11
56	小麦麸	87.9	10.59	9.88	13.5	10.5	0.22	1.09	0.66	0.67	0.74	0.54	0.49
57	细麦糠	89.9	15.70	14.61	14.8	9.4	0.09	1.74	—	0.57	0.67	0.47	0.43
58	细麦麸	88.1	13.23	12.31	14.3	4.7	0.09	0.50	—	0.50	0.35	0.42	0.44
59	玉米糠	87.5	10.93	10.26	9.9	9.6	0.08	0.48	—	0.49	0.27	0.41	0.41

（续表）

序号	饲料名称	干物质(%)	消化能(兆焦/千克)	代谢能(兆焦/千克)	粗蛋白质(%)	粗纤维(%)	钙(%)	磷(%)	植酸磷(%)	赖氨酸(%)	蛋+胱(%)	苏氨酸(%)	异亮氨酸(%)
60	三等面粉	87.8	14.11	12.98	11.0	0.9	0.12	0.13	—	0.42	0.67	0.36	0.37
七、豆类													
61	蚕豆	87.3	12.90	11.72	24.5	6	0.09	0.38	0.19	1.82	0.79	1.00	1.13
62	大豆	88.6	16.58	14.65	37.1	4.8	0.25	0.55	0.20	2.51	0.92	1.48	2.03
63	黑豆	91.0	16.41	14.49	37.9	5.8	0.27	0.52	0.17	1.60	0.56	0.89	1.39
64	豌豆	87.3	12.98	11.89	22.2	5.7	0.14	0.34	0.08	1.88	0.42	0.99	0.87
65	小豆	88.0	13.36	12.27	20.7	4.8	0.07	0.31	—	1.60	0.24	0.87	0.80
八、油饼类													
66	菜籽饼	91.2	11.60	10.26	37.4	11.8	0.61	0.95	0.57	1.18	2.18	1.42	1.28
67	豆饼	88.2	13.37	11.89	41.6	4.6	0.32	0.50	0.23	2.49	1.23	1.71	1.87
68	亚麻饼	90.5	10.93	9.80	31.1	13.6	0.45	0.54	0.53	0.77	0.50	0.85	0.72
69	花生饼	89.6	14.07	12.27	43.8	3.8	0.33	0.58	0.20	1.17	1.75	1.02	1.22
70	糠饼	91.5	10.76	10.05	13.6	11.6	0.07	1.87	1.55	0.54	0.92	0.63	0.56

（续表）

序号	饲料名称	干物质（%）	消化能（兆焦/千克）	代谢能（兆焦/千克）	粗蛋白质（%）	粗纤维（%）	钙（%）	磷（%）	植酸磷（%）	赖氨酸（%）	蛋+胱氨酸（%）	苏氨酸（%）	异亮氨酸（%）
71	棉仁饼	90.3	10.89	9.67	35.7	13.5	0.40	0.50	—	1.59	1.98	0.34	1.94
72	菜籽饼（带壳）	89.0	7.62	6.82	31.5	22.7	0.40	0.40	—	0.58	0.66	0.73	0.59
73	棉籽饼	92.3	11.56	10.34	32.3	12.6	0.36	0.81	0.63	1.15	1.09	1.05	0.77
74	椰子饼	91.2	11.22	10.22	24.7	12.8	0.04	0.06	—	0.54	0.53	0.60	1.00
75	亚麻仔饼	91.1	12.60	11.18	35.9	8.8	0.39	0.87	—	0.90	0.54	1.20	1.02
76	玉米胚芽饼	91.8	13.48	12.48	16.8	5.6	0.04	1.48	—	0.67	0.80	0.60	0.49
77	芝麻饼	91.7	14.03	12.48	35.4	4.8	1.49	1.16	0.88	0.76	1.69	1.46	1.39
78	豆粕	89.6	13.10	11.35	45.6	6	0.26	0.57	0.23	2.90	1.32	1.70	2.50
九、精渣类													
79	醋糟	35.2	4.73	4.48	8.5	3.10	0.73	0.28	0.06	0.27	0.55	0.29	0.27
80	豆腐渣	15.0	1.38	1.30	3.9	2.88	0.02	0.04	—	0.26	0.12	0.46	0.20
81	粉渣（豆类）	14.0	1.21	1.17	2.1	2.88	0.06	0.03	—		0.12		
82	粉渣（薯类）	11.8	1.26	1.21	2.0	1.89	0.08	0.04	—	0.14	0.12	0.10	0.10
83	酒糟	32.5	3.39	3.22	7.5	5.8	0.19	0.20	0.23	0.33	0.80	0.45	0.51

（续表）

序号	饲料名称	干物质(%)	消化能(兆焦/千克)	代谢能(兆焦/千克)	粗蛋白质(%)	粗纤维(%)	钙(%)	磷(%)	植酸磷(%)	赖氨酸(%)	蛋+胱氨酸(%)	苏氨酸(%)	异亮氨酸(%)
84	啤酒糟	13.6	1.38	1.30	3.6	2.4	0.06	0.08	—	0.14	0.19	0.14	0.16
85	甜菜渣	15.2	1.42	1.38	1.3	2.9	0.11	0.02	—	0.34	0.18	0.47	0.39
86	酱渣	35.0	3.81	3.56	11.4	3.4	0.07	0.03		0.53	1.41	0.67	1.07
十、动物性饲料													
87	牛乳	12.2	3.06	2.94	2.91	0	0.22	0.09	0	0.24	0.13	0.14	0.15
88	鱼粉(秘鲁)	90.5	12.73	10.43	69.6	0	0.30	0.77	0	3.61	3.63	2.38	2.35
89	全脂奶粉	90.0	22.51	20.64	21.3	0	1.62	0.66	0	2.40	1.08	1.60	2.70
90	肉骨粉(50%)	92.4	12.02	10.43	45.0	0	11.0	5.90	0	2.49	1.02	1.63	1.32
91	肉粉(55%)	92.0	12.56	10.68	54.5	—	8.27	4.10	0	3.00	1.43	1.80	1.90
92	脱脂奶粉	92.0	13.77	12.35	30.9	—	1.50	0.94	0	2.60	1.40	1.75	2.10
93	血粉	89.3	10.93	8.75	78.0	—	0.30	0.23	0	7.04	2.47	3.03	0.71
94	酵母	91.7	12.23	10.59	47.1	—	0.45	1.48	0	2.57	0.27	2.18	2.19
95	鱼粉(国产)	91.3	11.43	9.76	53.6	—	3.10	1.17	0	3.90	1.62	2.19	2.25

（续表）

序号	饲料名称	干物质（%）	消化能（兆焦/千克）	代谢能（兆焦/千克）	粗蛋白质（%）	粗纤维（%）	钙（%）	磷（%）	植酸磷（%）	赖氨酸（%）	蛋＋胱氨酸（%）	苏氨酸（%）	异亮氨酸（%）
	十一、矿物质饲料												
96	贝壳粉						32.6						
97	蛋壳粉						37.0	0.15					
98	骨粉						30.12	13.46					
99	磷酸钙						27.91	18.70					
100	磷酸氢钙						23.10	18.70					
101	石粉						35.00	0					

习题：

1. 我国猪饲料已开发的有多少种？分类回答。

2. 适合有机猪的饲料有何特点？

3. 当地有可作饲料的品种有哪些？

4. 特种野猪的有机饲料应满足哪几个条件？

第四章 特种野猪的有机饲料配制

常规饲养方法有购买成品颗粒料或粉料，在饲料缺乏，购买困难时用其他饲料代替（如鸡鸭料）。单一饲料，消化率低，营养不全面。但由于生物特性各异，使用时间长会导致营养不平衡，诱发代谢病。因此，为使饲料有针对性，有效性，经济性，灵活性，科学性，建议自配饲料，因地制宜，降低成本，在满足猪的营养需求下灵活调整饲料配方。本章将对饲料配制作详细介绍。

一、饲料配制的原则

要养有机猪，必须使用有机饲料，以下阐述均以有机饲料原料为依据操作的。在原料无法满足的条件下，非有机原料不得超过25％。度过这个阶段后，还需要 1 ~ 2 个月的转化期，由认证部门检测后方可认证。

配合饲料是指根据不同体重阶段猪的生长发育所需要的各种营养物质，用几种或多种饲料按比例配合的混合物，设计要尽量做到饲料容易采购、成本低、适口性强，易于消化。杜绝有什么喂什么，或无原则地把几种饲料原料拼凑到一起，自认为是配合饲料了。自配饲料要严格按饲养标准操作，使其基本或近似标准值，但与全价配合饲料是两个概念，全价配合饲料是标准化生产，其原料及种类的数量要经过严格计算才能完成配方设计，设备及技术操作在农户和中小型猪场是难以实现的，而且是针对工厂化，自动化大型家猪场。有机野猪的饲料要求在生态条件下种植的农作物，从源头上控制化学残留和农药残留以及有害重金属超标和兽药残留，生产的肉食品达到安全及健康的标准，不危害人类健康。

为了防止某些代谢病，饲料搭配可根据猪的各阶段身体需要，适当添加一些植物、动物饲料，以补充缺乏的营养物质，如矿物质、维生素等。使营养更全面、更科学，不但减少了疾病，而且促进猪的生长发育，这就是日粮标准。所谓日粮标准，就是一头猪在 24 小时内采食的饲料总量，是将精饲料、粗饲料、青贮饲料、微量元素添加剂、钙、磷等，按比例混合在一起，充分搅拌均匀饲喂或制成颗粒饲喂。而有机全价饲料更为严格、更标准化，配制时要注意以下因素。

①饲料原料必须是有机农产品，成分差异必须计算。

②饲料成分检测要耗费大量的时间和资金，专业性很强，增加饲养成本。

③初养者对猪的体况、行为不理解，难以对饲料作出调整，因此，做起来比较困难。饲料占饲养场资金开支的70%，要取得良好的经济效益，不可忽视这一重大环节。而有机猪养殖则要求饲料有毒有害物质无残留，当然它需要环境无污染和

水源无污染以及无有害重金属超标的配合才能实现。

"消化能"用于维持正常活动、增重的效率及日粮中消化能的浓度，粗饲料在日粮中的比例关系，出栏时间与体重标准都是配方的原则。日粮消化能浓度增加，用于维持和增重的效率随量提高；青、粗饲料在日粮中的比例提高，维持和增重的效率就下降。在经营中，出于利润的考虑，还必须根据时间调节生长速度，如在端午节、五一长假、中秋节、国庆节、春节上市，价格就比较高。另外，日粮成分的价格、质量都是饲料配制的基本要素。

1. 有机种植基地的合理安排，就地取材

① 土壤质量是否达到 GB15618 的二级以上的标准，如不达标，种植的作物也不可能达标；

② 有机基地种植的灌溉水源是否能达到 GB5084 的标准，如不达标，可从达标的水源引入；

③ 空气质量能否达到 GB3095 中的二级与 GB9137 的规定，如有超标，同样种不出有机饲料。

特种野猪含 50% 以上的野猪基因，耐粗饲，适应性强。在设计饲料配方时，应因地制宜，就地取材。如东北地区，可在当地大量种植有机玉米、大豆，减少饲料运输、贮存费用；黄淮地区玉米及各类油料饼、粕丰富，可根据其不同的营养含量来配合饲料；江南各地，农作物更加多样化，可利用产量高的杂交稻谷代替部分玉米。通过合理搭配，满足猪生长发育的需要。

2. 兼顾饲料原料价格、野猪生长量、市场行情

种植有机饲料的基地，要千方百计提高产量，降低成本，可用猪粪发酵处理后施于田中，按需求协调及换茬轮作。

饲料的配制要根据野猪的生长量，在此基础上适当调节饲料量及价格。如一味追求生长，在成本高昂的情况下，与市场无法对接，形成长得越多，亏损越大的局面。例如，使用高能量的玉米、高蛋白的豆粕、进口鱼粉，确能配制一个生长量高的配方，但如 3~4 千克饲料生长 1 千克生猪，而 3~4 千克饲料的价格高于 1 千克野猪的价格，那么，养殖野猪就没有经济效益，长此下去，野猪养殖场将无法生存。所以，要在满足猪的营养需要、达到生长量正常的情况下，尽可能调整为廉价的饲料。这就是饲料配方的灵活性、科学性。

3. 质量是保证饲料配方高效生产率的前提

我国幅员辽阔，南、北方饲料品种差异很大，例如，不同的土壤生长出的玉米，含水量不一，营养成分含量差别也很大。由于贮存的自然条件不一，饲料原料的含水量不一，贮存防霉变的难度也不一样。同样都是国产鱼粉，其蛋白质含量不一，有的含盐量超标，引起食盐中毒；有的鱼粉用腐败的甚至有毒的鱼制作，营养成分达不到鱼粉标准，而且对猪的健康损害很大。因此，同样数量的饲料，但营养成分及生长效果区别很大。市场上的肉骨粉是什么动物的肉骨？健康的还是有传染病的？在有机养殖中，同类动物的肉骨粉是严禁使用的。在农户养猪的现有条件下，以上的这些差别很难准确把握，一旦因饲料质

量使猪群出现了问题，就有破产的危机。而有机猪是需要有自己的饲料地按有机程序种植的饲料原料，是生态农业的产物．所以，在制作饲料时，严把质量关，是行之有效地提高猪群生产率和健康水平的保证，是使猪场按预定目标发展的有力措施。

二、特种野猪的饲养标准

1. 饲料配方的依据

特种野猪对营养的需要分为两部分：一是维持活动所需的营养（如走动、跑、跳、戏耍、吃食等行为的消耗），通常称为维持量。特种野猪生性爱动，维持量大于家猪。生产需要是指用于增重、发育、妊娠、泌乳等所需要的营养，也叫增长量。维持量与增长量相加，才是每头每日所需的营养量，也即饲养标准。饲料中没有任何一种饲料能同时满足猪的所有营养需要，只有合理搭配，才能满足各体重阶段所需要的营养量。这些数量是根据日粮营养物质的规定量，每头每日采食规定量以及饲料成分的化学分析、消化试验、饲养试验，产生的基本数据，经综合分析归纳而成的指导实践及生产的可靠参数。

2. 饲养标准

我国的生猪饲养标准是在生产技术与科技发展的基础上制定的。全价配合饲料是根据饲养标准配制而成的营养全面的饲料。这些按营养标准而设计的配方，不仅能保证野猪的健康，还能提高生产能力和产品质量、提高饲料利用率并降低成本。在饲料配制中，依据就是特种野猪各品种、各体重阶段的饲养标准，详见表4-1至表4-5。

表4-1　特种野猪育肥猪、后备种猪饲养标准参考表

项目	育肥猪、后备种猪体重阶段（千克）					
	育肥、后备 (1~5)	育肥、后备 (5~10)	育肥、后备 (10~20)	育肥 (20~35)	育肥 (35~60)	育肥 (60~90)
日喂量（千克）	0.2	0.6	1	1.4	2.2	3以上
每千克饲料营养量　消化能（兆焦）	14	13	12	12	12	11
粗蛋白（%）	16	15	14	14	14	12
钙（%）	1	0.8	0.6	0.6	0.6	0.5
磷（%）	0.6	0.6	0.6	0.5	0.5	0.4
赖氨酸（%）	0.8	0.9	0.7	0.7	0.7	0.5
蛋氨酸（%）	0.1	0.1	0.24	0.2	0.2	0.15
蛋+胱氨酸（%）	0.3	0.5	0.55	0.45	0.3	0.3
苏氨酸（%）	0.4	0.5	0.6	0.5	0.4	0.3
色氨酸（%）	0.1	0.12	0.17	0.14	0.12	0.1

表4-2　特种野猪后备母猪每日每头营养需要量参考表

项目	后备母猪体重阶段（千克）		
	20~35	35~60	60~90
日喂量（千克）	1.5	2.2	2.5以上
每千克饲料营养含量　消化能（兆焦）	12	11	11
粗蛋白（%）	15	14	13
钙（%）	0.6	0.6	0.6
磷（%）	0.5	0.45	0.4
赖氨酸（%）	0.7	0.6	0.5
蛋氨酸（%）	0.2	0.16	0.15
蛋+胱氨酸（%）	0.45	0.4	0.3
苏氨酸（%）	0.45	0.4	0.3
色氨酸（%）	0.14	0.12	0.1

表4-3 妊娠母猪每日每头营养需要量参考表

项目	体重（千克）					
	妊娠前期			妊娠后期		
兆焦	60~120	120~150	150以上	90~120	120~150	150以上
每千克饲料营养含量 日喂量（千克）	1.7	1.9	2	2	2.4	2.4以上
消化能（兆焦）	11.	12.	12.5	12.5	14.	14以上
粗蛋白（%）	11	11	11	13	14	15以上
钙（%）	0.6	0.6	0.6	0.8	1	1以上
磷（%）	0.4	0.45	0.5	0.5	0.6	0.7以上
赖氨酸（%）	0.45	0.5	0.5以上	0.5	0.7	0.7
蛋氨酸（%）	0.13	0.13	0.15	0.15	0.17	0.19
蛋+胱氨酸（%）	0.3	0.3	0.32	0.32	0.35	0.36
苏氨酸（%）	0.36	0.37	0.39	0.4	0.45	0.49
色氨酸（%）	0.1	0.12	0.12	0.13	0.14	0.14

表4-4 哺乳母猪每日每头营养需要量参考表

项目	体重（千克）		
	120~150	150~180	180以上
日喂量（千克）	4	4.5	4.5以上
消化能（兆焦/千克）	11.5~14		
粗蛋白（%）	14以上		
钙（%）	1	1以上	1以上
磷（%）	0.5	0.6	0.6
赖氨酸（%）	0.74		
蛋氨酸（%）	0.2		
蛋+胱氨酸（%）	0.36		
苏氨酸（%）	0.5		
色氨酸（%）	0.15		

表4-5 特种野猪种公猪营养需要量参考表（配种期）

项目		体重（千克）	
		90~150	150以上
日喂量（千克）		1.5	2以上
每千克饲料营养含量	消化能（兆焦/千克）	13	
	粗蛋白（%）	14~16	
	钙（%）	0.5	
	磷（%）	0.4	
	赖氨酸（%）	0.7	
	蛋氨酸（%）	13	
	蛋+胱氨酸（%）	0.32	
	苏氨酸（%）	0.4	
	色氨酸（%）	0.12	

说明：

①各猪种、年龄、体重阶段要根据气候、体况、饲料原料种类灵活调整。

②预混料是大型饲料厂根据猪的各品种、年龄段、体重段设计的含多种维生素、微量元素、个别特殊必需氨基酸以及矿物质合成的配合料。使用时要选择真空包装的产品，防止氧化失效。另外，要注意生产日期，真空包装的保质期一般在1~2个月，超2个月的不宜使用，高温季节使用时间更短，特别是含维生素的预混料。无维生素的预混料，可按需要另加维生素。因特种野猪饲养中饲喂大量青绿饲料，一般不会缺乏维生素

市售的预混料品种很多，有以上所述的品种，也有以蛋白饲料为主的，重量也各不相同，使用时按产品说明添加在配方中，按标准计算准确方可使用。无论哪种预混料，都必须满足本章开头所要求的原则和条件。如不方便，可自配而不使用预混料。微量元素、维生素、矿物质的用量可参照家猪的标准。

三、饲料配制的方法

把多种饲料原料按要求科学地配合在一起，称为饲料配方。配合的方法很多，现以"试差法"为例，根据饲养标准指标，参照本节下段所述的大致配比，先粗略地初拟一个配方比例，然后根据各饲料原料的营养成分，分别乘以比例，再纵向相加求出每项的总含量，与饲养标准进行比较，作相应的加减调整，以基本符合饲养标准的要求。

根据生产实践，各种饲料原料在日粮中大致配比是谷实类（能量）饲料占 60%～70%、糠麸类占 10%～20%、饼粕类占 10%～25%、动物饲料占 3%～5%、矿物质饲料占 1.5%～2%、干草粉占 3%～7%。

1. 配制方法

以玉米、稻谷、豆饼、菜饼、小麦麸、骨粉、石粉、食盐为主要原料，配制 20～35 千克体重的育肥野猪的饲料配方：

第一步，查 20～35 千克体重育肥野猪的饲养标准，见表 4-3。消化能 12（兆焦/千克）、粗蛋白 15%、钙 0.6%、磷 0.5%、赖氨酸 0.7%、蛋+胱氨酸 0.45%、苏氨酸 0.5%、色氨酸 0.14%。

第二步，初拟配方中各种饲料的数量，并与表 4-6 中营养含量与比例横向相乘，纵向相加合计。根据实践经验的大致配比，日粮中各成分数量初步确定为：

表 4-6　初拟配方：20~35 千克育肥野猪日粮饲料配方

名称	比例	消化能	粗蛋白	钙	磷	赖氨酸	蛋氨酸蛋+胱	苏氨酸	异亮氨酸
小麦麸	13	137.67	175.5	2.86	14.17	8.71	9.62	7.02	6.37
菜籽饼	5	58	187	3.05	4.75	5.9	10.9	7.1	6.4
骨粉	2			60.24	26.92				
豆饼	10	133.7	416	3.2	5	24.9	12.3	17.1	18.7
玉米	70	1 005.2	595	1.4	14.7	18.2	33.6	21.7	17.5
合计	100	1 334.57	1 373.5	70.75	62.79	57.71	66.42	52.92	48.97
标准	*100	1 200	1 500	60	32	70	45	50	14
比较		+134.57	~126.5	+10.75	+30.79	~12.29	+21.42	+2.92	+34.97

第三步，调整配方。本方能量过剩，粗蛋白质不足。以差数进行计算，玉米含能量最高。豆饼含植物蛋白最高，能量多出的 134.57/14.36（玉米消化能），等于 9.37，约多 10 千克玉米；少粗蛋白 126.5/41.6（豆饼蛋白含量），等于 3.03，约少豆饼 3 千克。调整后玉米为 60 千克，豆饼为 13 千克。骨、磷超标，调整后骨粉 0.8 千克，石粉 1.2 千克。再调整氨基酸，达到基本持平。

第四步调整后的配方为：玉米 61%、豆饼 16.6%、菜籽饼 5%、小麦麸 13%、骨粉 0.8%、石粉 1%、米糠粉 3%、食盐 0.3、微量元素添加剂适量。

试差法的公式为：饲料% × 营养含量 ± 饲养标准 = 试差法配合饲料

2. 试差法配料注意事项

"试差法"在配料时应注意以下几点。

① 饲料原料的含水量不得超过 13%，如果超标，除根据湿度增量外，饲料要随加工随喂，以防霉变。

② 菜籽饼与棉籽饼含有毒物质，每 100 千克饲料中不超过 5%，种野猪饲料禁用。

③ 如无草粉，可用青绿饲料代替，比例为干、湿 1:6，冬季可用青贮饲料代替或用塑料大棚种植青菜或牧草。

④ 如在配合饲料中加维生素，可按说明书操作。加维生素的配合料，必须在规定的时间内喂完，以免氧化失效。

⑤ 试差配方在实际应用中很方便，可机动灵活地调整，调换饲料原料，调节体况、调节饲料原料价格以及特殊情况的配方。如配方单一，无法适应变化，则不管配方怎样变化，原则上都要以饲养标准为准。

⑥ 米糠做饲料要粉碎成粉状。通常米糠分两种，一是统糠，即稻谷的外壳，不含大米成分；二是碎米糠，是稻谷加工的副产品，含大米皮及胚，富含维生素 B、维生素 E 与氨基酸，是野种猪的极好饲料，特别在调整发情期时使用。统糠在饲喂时要浸泡或发酵，用量不得超过 20%。

3. 介绍一组野猪养殖场曾使用过的配方（表 4 - 7）

表 4 - 7　野猪养殖场使用的配方

饲料配方	1	2	3	4	5	6	7
名称	后备母猪	育肥仔猪	妊娠母猪	公猪	断乳仔猪	仔猪	育肥猪
玉米	15	25	34	32	35	45	46
米糠	20		25				

（续表）

饲料配方	1	2	3	4	5	6	7
名称	后备母猪	育肥仔猪	妊娠母猪	公猪	断乳仔猪	仔猪	育肥猪
麦麸	10	7	15	12	10	10	5
豆饼	5	5	12	12		5	13
骨粉	0.5	1	0.8	0.5	0.8	0.8	1
鱼粉	3	5	5	4.5	5	5	
稻谷	40	20					20
小麦次粉		25		20	26	15	9
菜籽饼		5					5
葵花饼		5		5			
花生饼	5			3	5	5	
碎米糠			8	10	5	10	
青饲料	30 不计	20	50	30	10	10	30
石粉	0.5	1	0.5				0.5
食盐	0.3	0.3	0.5	0.3	0.3	0.3	0.5
微量元素	0.1	0.1	0.1	0.1	0.1＋酵母 2Kg	0.1＋菌蛋白 1 千克	0.1
酒糟							
草粉					5	3	

4. 单位换算

（1）能量饲料的单位含义

总能：代码 GE，有机物完全氧化为二氧化碳和水所释放的热量称为总能。

消化能：代码 DE，采食饲料的总能值（GE）扣除粪中的能值（FE）。

代谢能：代码ME，饲料的消化能中除去尿能（UE）及代谢产生的废气如甲烷（GAE）和其他气体的能。

净能：代码NE，饲料的代谢能量中除去热增耗（HI），称为净能。

总可消化养分：代码TDN，表示饲料能量的价值，以扣除粪中能量损失以后的可消化养分作基础。其计算公式为：

TDN% = （可消化蛋白质% + 可消化粗纤维% + 可消化无氮浸出物% + 可消化粗脂肪%）×2.25

（2）单位换算（表4 - 8）

代谢能换算为消化能：代谢能（兆焦/千克） = 消化能×0.82

消化能换算为代谢能：消化能（兆焦/千克） = 代谢能÷0.82

净能换算为总消化养分：净能（兆焦/千克） = 总消化养分乘以0.307 ~ 0.764

净能 = 总消化养分×0.307 ~ 0.764

总消化养分 = 净能（兆焦/千克） ÷0.307 + 0.764

代谢能换算为消化总养分：1兆焦代谢能 = 0.28千克可消化总养分

总可消化养分换算为消化能：1千克总可消化养分 = 18.45兆焦消化能

1兆焦消化能 = 0.054千克总消化养分

1 千克总消化养分 = 15. 13 兆焦代谢能

1 兆焦代谢能 = 0. 066 千克总消化养分

1 卡 = 4. 184 焦耳

1 焦耳 = 0. 239 卡

表 4 - 8　代谢能用于维持和增重的效率表

日粮代谢能浓度 （兆焦/千克）	粗饲料比例 （%）	维持利用率 （%）	增重利用率 （%）
8. 368	100	57. 6	29. 6
10	67：33	63. 3	38. 6
11. 715	33：67	66. 6	43. 9
13. 389	0：100	68. 8	47. 3

习题：

1. 猪的饲料配方按生理机能有几种？

2. 试差法配制饲料的步骤有几个，简述每步的方法。写出试差法配制公式。

3. 有机饲料配制原则是什么？

第五章 特种野猪的有机饲养管理

有机特种野猪对环境、卫生及行为方面的要求如下。

①有机特种野猪养殖场，应保证饲养数量不超过原设计的最大容量。

②禁止采取使猪无法接触土地面的饲养方式以及完全圈养、拴养等限制自然行为的饲养方式。

③保持足够的活动空间和时间，运动场要有部分遮阴，并保证户外运动的场所和时间。

④保持空气流通，自然光照充足，避免过度太阳直射。

⑤保持适当的温度和湿度，免受风、雨、雪等灾害侵袭。

⑥提供足够的饮水；勤换垫料。

⑦不使用对人畜有害的建筑材料和设备、违禁药物。

⑧群居动物不能单栏饲养，并保证避免遭受野生捕食动物伤害。

⑨防应激，减少动物恐惧心理和焦虑心理。

一、纯种野猪的人工驯养

1. 仔猪的喂养管理

取得国家机关批准的捕捉许可证后，可进行野猪捕捉。每

年 3～6 月，是野猪的繁殖季节，母猪产仔 3 天以后，就带领小仔到山下觅食，这时是捕捉的好时机。受惊母猪逃窜时丢下小仔，可用网捕捉回来饲养。这些仔猪大多是没有断奶的仔猪，人工饲养时要使用仿母乳营养的配合流汁，用奶瓶饲喂。要现配现喂，注意卫生。

配方如下：牛奶粉 50 克，乳酶生 1 克，维生素 C 1 克，复合维生素 B 2 克，维生素 AD 粉 0.5 克，微量元素适量，加水 100 毫升，30～35℃时充分摇匀饲喂，每天 10～15 次，每次 10～20 毫升。也可试用乳酸奶制品。

仔猪 10 天以后诱食，配方：玉米粉 75 克，奶粉 25 克，复合酶 1 片，雏鸡用多维素和微量元素，人用钙片各适量，鱼粉 10 克，食盐 0.3 克。操作方法：先用 100℃开水冲玉米粉、鱼粉，60℃时加奶粉，充分搅拌后加其他原料拌成糊状，让猪自由舔食。此后调配逐步减少加水，成为潮湿状即可，以占日喂量的 60% 为准。每天饲喂 6～8 次，温度在 25～30℃，根据消耗情况添加或减少。

注意卫生，严防肠道疾病发生。猪舍温度控制在 26 ~ 30℃，并经常保持供给清洁饮水。20 天后，逐步更换饲料，可适当增加颗粒料。

对刚捕捉的野猪要按时防疫，体重 5 千克以上的野猪要用"虫克星"气雾喷洒全身，以杀灭体表寄生虫（一周后再喷一次），并同时用左旋咪唑口服或肌注阿福丁针剂体内驱虫。用剪子从牙根基部剪去野猪口腔内上、下两对犬齿以防伤人或咬斗。根据年龄注射猪瘟等易感病疫苗。饲养中如遇疫情，除及时治疗外，也可把药物制粉掺在自制的颗粒料中。打上耳号牌，以便建立档案系谱。捕捉后第一天只给饮水，并在水中加适量的人工盐和葡萄糖，以防拒食脱水。第二天可诱食性喂甘薯小块、新鲜玉米、鲜笋、水果等。如仍然拒食，可用泥鳅、小杂鱼煮汤于晚上放入舍内。饲养中要逐步加喂洗净消毒的叶类蔬菜。一个月以后，饲养员可主动接触，利用声响、食物等方法建立亲和关系。接下来训练三定位（吃食定位，大小便定位，睡卧定位），减少管理难度。这时野猪的适应能力已很强了，可使用以下配方：玉米 40 千克、麸皮 15 千克、豆粕 10 千克、花生饼 3 千克，炒豆粉 2 千克，稻谷粉 13 千克、高粱 5 千克（炒熟）、小麦次粉 5 千克、鱼粉 5 千克、骨粉 1 千克、酵母 4 千克、复合酶 1 千克、添加剂 0.1 千克、碘盐 0.3 千克。根据饲喂适口情况、体况及行为状况调整配方。一个多月后并入种猪群中，使之相互熟悉。并群时要注意安全，由专职饲养员亲自操作，防止咬斗。

仔猪刚捕捉来时，由于环境突然改变，惊恐未定，特别怕人。要做好以下工作。

一是安静，由于刚捕捉来，会引来人观看，噪声很大，会引起仔猪拒食或高度紧张，要预先防止。所以，一定要保持舍内外安静，制造一个光线较暗的小环境，保证仔猪成活。

二是猪舍消毒要彻底干净，不留死角，以防感染家猪传染病。为防止疫病带入场内，对刚捕捉的野猪，要在隔离舍暂养观察两周。

三是保温，野仔猪大多靠母猪体表温度取暖，没有了母猪，人工要营造一个温暖的环境，特别是夜间，除在舍内加草外，也可作因地制宜加温或减温调节，直到仔猪不扎堆、不喘粗气、行动伸展自如、活泼好动为准。

四是饲料中加维生素，可抗应激。但要按使用说明使用，以免发生代谢病。

五是寄养，利用家母猪寄养，效果更好。可选择奶水充足、性情温驯、生产15日内的家母猪代养。放入前，在野猪仔身上涂代养母猪的尿液，于晚间悄悄放入，并观察几小时，以防意外。此法须寄养母猪的饲养员操作，方保无忧。

2. 半成年纯种野猪的驯养

刚被捕捉的半成年野猪，要和小野猪仔一样进场后即做喷药等一系列程序。饲养管理也和小野猪仔一样。如因受外界环境突然改变的应激，对人工配制的饲料拒食，可用泥鳅、蚯蚓、小杂鱼煮汤拌入饲料中喂给。如野猪已经饥饿，一般在夜深人静的时候开始吃食，如拒食，可模拟野生环境，傍晚喂水果、红薯、鲜笋和加工出香味的谷物诱食。10～15 天后逐步换为鱼粉，比例不应低于 5%。随着进舍时间延长，经过人工驯化，如在喂食时发出声响等信号，可通过抚摸、搔痒、梳毛、洗澡等接触，与其建立亲和关系，然后按驯养目标接近。逐步适应新环境以后，就可饲喂人工配合饲料，除大量青饲料外，30 千克左右的野猪，一天投喂 500～1 000 克配合饲料即可。

对半成年野猪的驯育要有耐心，不要激怒它，动作要轻，防止突然声响，不要用打棍子、惩罚性饥饿等极端行为。应主动接近，如不能接近，先用声响让它充分适应，习惯饲养员动作声响。野猪一般情况下不会主动攻击人，一旦被激怒，就会奋不顾身冲撞、连续脉冲式撕咬。如被撞上，后果不堪设想。所以，在驯养半成年野猪时，要有足够的耐心。早晨天刚亮时就饲喂日喂量 1/3 的精饲料，白天饲喂它爱吃的青绿、块根饲料，诱其出窝，逐步适应新的环境，逐步适应与人接触，减少野性和发作次数。傍晚喂日粮的 2/3，根据体况与食量，适当调整饲料质量和数量。实践证明，成年野猪人工饲养的成功率很低或无种用价值，做种公猪的纯种野猪，只能从小养起，否则，很难驯化成功。

纯种野种猪驯养的关键问题有以下几种可作为参考。

一是模拟野生环境，创造一个与野生环境差异不太大的猪舍或放养，定时饲喂，给予固定的食宿位置和信号。

二是逐步改变饲料，从野生的食物到配合饲料，兼顾适口，青绿搭配。

三是不打破群居的习性，训练"三定位"。

四是严格按防疫程序预防疾病。不以野猪而放松防疫，特别是集约的场、基地、中心等规模化养殖机构。

二、特种野仔猪的饲养管理

1. 春季猪舍的管理

"立春"以后，春暖乍寒，冷热不定，由于仔猪各器官发育尚不完善，易于感染疾病，这时的饲养管理应以防寒为主。

（1）防寒保暖

寒流来临前，增加舍内保温的干净干草，量的多少可视寒流强度而增减。如遇雨天，应及时更换垫草，防止舍内漏雨和潮湿。春初，为防大风剧烈降温或阴雨连绵，可临时覆盖透明塑料薄膜大棚，增加舍内温度；待风过天晴，在气温回升后撤去。但完全撤去薄膜，要根据当地气候特点，防止返春的极端气候变化。常规塑料大棚一般在 11 月份建棚，到来年 4 月份拆棚，可根据当地气候条件灵活掌握。在这段时间内，要注意调节温、湿度，一般情况下温度越高湿度越大，断乳仔猪温度要求在 16 ~ 24℃调节，湿度在 50% ~ 60% 范围内调节。塑料大棚比较密闭，要注意通风，把多余的温度、湿度及废气排出，保持温、湿度正常和空气新鲜，一般在晴天上午10：00 ~

16:00 点通风换气，调节温、湿度。

要注意防止以下因覆盖塑料薄膜而诱发的疾病。

第一因高温、高湿、通风调节不及时，管理粗放，营养不良而引发猪群抵抗力下降，常发生一些散发性传染病，以及猪瘟、感冒、猪肺疫、猪丹毒等传染病。

第二因猪舍封闭通风不畅，空气中悬浮很多病原体，也会引发疾病。塑料薄膜能减少透光强度，影响钙、磷的吸收，维生素 A、维生素 D 的合成，易使猪患软骨病和瘫痪症。

第三由于通风换气不及时，高温高湿，新陈代谢受阻，生长发育缓慢，加上卫生较差，猪体不洁，偶遇恶劣天气，就会诱发风湿病、疥螨、体外寄生虫病。

如在建舍时建有大棚骨架，在大幅度降温的情况下覆盖大棚薄膜，如加垫草、加塑料棚膜均不能有效抵御寒流时，应在蒙膜的情况下，另在舍内加温。加温的方法有煤炉加温法、电热加温法、沼气燃炉加温法、地热加温法等。每种加温法都必须做好防护，轮岗值班，以防塑膜被猪撕破，灼伤仔猪或引起火灾，防煤气中毒等意外事故发生。

（2）后备种猪管理

断乳以后的后备种猪，要精心照顾，野猪舍要注意通风透光与卫生消毒，创造良好的生长发育条件，按时驱虫和预防接种，加强运动，使后备种猪骨骼、肌肉发育正常，匀称结实，充满健康活力。如有条件，可每日按时放入运动场地，加大运动量。并每月称重一次，检查掌握发育情况是否达到标准，及时调整饲料喂量及其他指标。

2. 特种野仔猪的常规管理

（1）提高仔猪成活率

仔猪经过断奶后，在粗放的饲养管理条件下，死亡率较高。提高仔猪的成活率，是猪场提高经济效益的关键，因此，十分重要。

根据生产实践计算，每头仔猪出生时的费用是 60 千克全价配合优质饲料的价格，60 日龄内死亡一头仔猪损失 70 千克左右的饲料费用。也就是说，加上母猪怀孕期间的消耗费用，每死亡一头仔猪，猪场损失 130 千克饲料的费用，另加管理费、设备损耗费、贷款利息以及医疗费等，按 2009 年市场行情，不低于 200 元，这是直接经济损失。间接损失则是从仔猪到出栏的利润。所以，仔猪的成活率是猪场经营的关键，是种猪和育肥的数量基础，直接关系种群的质量和数量以及育肥猪的出栏量。为保证全窝全活，全健全壮猪，必须抓好以下环节。

（2）仔猪管理规范化

西方经济发达国家早已把先进的工业管理技术移植到养殖业。我国工厂化养猪管理在一部分大、中养猪场也实现了标准化程序化管理。同样，特种野猪家养也适合程序化管理。在没有工厂化的规模及设备时，农家养殖户仍然可以因地制宜应用程序化管理，有效地避免失误，取得良好效益。如时间程序化，把初生仔猪一个月内的管理分为 1～3 天、4～7 天、8～

15天和16~30天4个阶段,把哺乳期、断乳期、后备种猪培育期、商品生猪育肥期、母猪怀孕期等各个阶段进行固定管理,同时,灵活运用。

（3）温度控制

初生仔猪体温调节机能尚未建立,对温度敏感,对寒冷低温适应能力差,加上神经调节系统尚未发育成熟,特别怕冷。初生仔猪皮薄毛稀,皮下脂肪少,不能分解产生热量,皮肤的保温能力差。因此,初生仔猪在寒冷的冬季需要进行温度控制。初生仔猪1~3日内温度在30~34℃,4~7日28~32℃,8~15日25~28℃,16~30日20~24℃。

控温的方法有多种,第一使用专用母仔舍,又称为分娩哺乳舍。北方冬季用透明塑料薄膜大棚覆盖猪舍,夜晚加温。初产仔猪的舍温需要30~34℃,才能使仔猪适应新的环境,保持生命活力,维持正常的生理功能。而母猪的舍温需要22~24℃,30℃以上就会张口喘气——两者所需温度差别很大。所以,在具备工厂化养猪设备的养猪场,要采用分娩床,仔猪刚生下就转移到保温箱内,既解决了温差的矛盾,又可防止仔猪被压死。

饲养特种野猪采用的开放式猪舍,密封保温较困难。为了提高仔猪成活率,可在新建母仔舍时设计仔猪开食圈,可以起到类似保温箱的作用。开食圈可兼做初生仔猪的保温舍,在寒冷季节使用时圈上加盖,用电热器加温。仔猪7日龄后,可撤去垫草,改为仔猪诱食舍,其门洞为30厘米高,25厘米宽,母猪只能插进半个头，不会与仔猪抢食。

（4）仔猪保温箱

如在新建猪舍时没有设计仔猪开食圈，可用木板制作保温箱，在保温箱底部垫棉被或净软干草。保温箱长 120 厘米，宽 60 厘米，高 80 厘米。箱下加电热板，电热温度可调节；或在保温箱顶盖处安装红外线加热灯，约 100 瓦。靠母猪卧室一侧开一个直径 20 厘米的门作为出入口，仔猪吃完乳汁后自动钻入箱中。保温箱要定时清理，以防病菌滋生和污染空气。使用时以箱盖掀起的高低调节温度高低，并严格值班制度，以防意外。

（5）仔猪的饲养管理

仔猪的饲料可分为 7～10 天诱食期、11～25 天加料期、26～35 天断乳适应期 3 个阶段。每个阶段均有其自身的配方，可根据标准、体况、季节、防疫等情况灵活拟定，并程序化。

特种野猪仔猪适应能力强，出生 3 天即有寻觅食物的行为，但初生仔猪的消化机能不健全，胃腺不能制造盐酸，胃蛋白酶分泌不足，不能充分消化蛋白质，因此，饲喂仔猪阶段蛋白质饲料不宜过多，这是与家猪不同的特征。诱食应在出生 3 天以后进行，而且尽量使用全价颗粒饲料。

仔猪专用配方是仔猪一个月内 3 个阶段的配方，可因地制宜加以修改，如 1～3 天以母乳为主，4～10 天以母乳为主、诱食为辅，11～25 天为补充母乳不足而加饲，26～35 天以饲料为主，逐步减少哺乳次数，直到断乳。

谷实类饲料为能量饲料，有玉米、稻谷、小米、小麦、大麦、高粱、荞麦、燕麦、青稞、黍子等。各种谷物的能量含量各有不同，使用时须计算平衡，按标准加减。配制详情可参照第四章"断乳仔猪的配方"。

木炭有预防仔猪黄白痢的作用，能清理肠道有害细菌，能止泻，消肿燥湿，发现仔猪腹泻时可与大蒜素加在饲料中。每百千克饲料加 0.5 千克即可，多加会引起便秘。

（6）日常管理规律

特种野仔猪第一代比较温顺，但比家猪好动，其肉产品的优良性状一部分仔猪表现不明显。因此，仍需按家猪养殖方法：小猪长骨架，中猪长皮，大猪长肉，肥猪长油的规律，做好饲料搭配：10～25 千克体重的小猪精饲料 70%，青绿饲料30%；25～60 千克的中猪精饲料 50%，青绿饲料 50%；60～100 千克的大猪精饲料 30%，青绿饲料 70%；100 千克的肥猪要控制长油，精饲料 20%，青绿饲料 80%。管理上要防止跳圈（从圈中逃跑），及时清理粪便，定期消毒，定期防疫。春、夏、秋中猪、大猪要以 70% 的青绿草菜为饲料，青绿饲料要清洗，防止病原菌和寄生虫。第二代仔猪比第一代更活泼，具有很多野猪的习性，弹跳能力强、体瘦、活泼好动，尤其体重在 10～50 千克期间，破坏性比第一代强烈。因此，除和第一代仔猪管理相同外，要特别注意逃圈，只要有第一次，就会连续发生。

特种野猪生长高峰期过后仍需继续饲养 1～2 个月，以使猪肉品质更好，风味更浓，口感香浓。并保证10个月左右为一个育肥周期。

（7）饲喂管理

从断奶至体重60千克，一般不限制饲喂量，每日早晚各喂一次精料，以不剩食为准。早晨饲喂量是全天饲喂量的1/3，中午供给大量新鲜菜叶等青绿饲料，品种轮换要勤，晚上要喂饱。10～20天添加易嚼碎的青绿饲料，如白菜、包菜、美国菊苣、串叶松等，并及时清理残渣。为防止体重差异，吃食速度快慢差异，强者抢食霸槽，弱者食量不足，待食后观察食槽，槽内应有少许剩料。饲料一律使用干料、生料、颗粒料。在喂干粉料时要加水拌湿，饲喂前2～4小时加水拌湿浸润，易于消化吸收，并能防止粉尘引起呼吸道疾病。

特种野仔猪吃食很快，所以饲喂时间短。因此，刚断奶仔猪要少吃多餐，一般一天喂4～6次，而且不减少青绿饲料。特种野猪的盲肠发达，对青绿饲料的消化能力强，但要以叶菜为主，粗纤维含量较高的青绿饲料不宜喂猪；但少量饲喂，可以锻炼耐粗能力，增强肠道抗病能力。

（8）二次分群缩小体重差距

断奶对仔猪的应激很大，稍有不慎，会产生两极分化，强的强了，弱的僵了，因体弱而生病，因疾病而死亡。在管理上要特别注意的是护理，采取把弱的仔猪二次分群，或同圈隔开饲喂等措施，切实有效地护理弱小仔猪，促使其正常生长，逐步缩小体重差距。

（9）极端气候发生的管理

养猪场的管理人员、饲养员必须经常、及时收看收听当地天气预报，密切关注天气变化，并使之习惯化、职业化。如遇寒流、大风降温，做好防风保温工作；如遇雪雨，要检查塑料棚膜的牢固性。冬季养猪，在适宜的温度范围（16~30℃）外，每下降1℃，育肥猪日采食量多25~30克，日增重减少15~25克；每上升1℃，日采食量减少60~70克，日增重30克；上升或下降10℃时，日减少或增加耗料400~800克，日增重减少200克以上。换言之，在特种野猪的适宜温度范围之外，温度的高低直接关系到耗料和增重，同时，又给疾病制造了摇篮，降低猪的免疫力。所以，管护就显得尤其重要，在防止天气变化干扰时，可根据各地的条件，因地制宜，既达到预期效果，又要节约成本开支。

在农历"清明"和"秋分"节气时，常遇阴雨连绵的天气，在我国南方，连续15天下雨的天气并不少见。这造成了管理上的两大难题：一是仔猪淋雨后易患感冒；二是圈内潮湿，空气流通差，湿度大，气压低，中小型养猪场极易迅速传播疾病。预防的措施有两个：第一是在阴雨连绵时在饲料中添加木炭或抗生素（不改变原饲料成分），从主观上预防疾病发生；第二是做好防雨设备，特别是仔猪舍，搭好防雨棚，防止淋雨，勤换垫草，保持舍内干燥，克服外在的不利因素。

（10）分群

对断奶仔猪进行分群管理，是必要的环境改变。为防止特种野仔猪好斗、好动、争强凌弱，可采取以下方法。

①不分群，原窝不动，把母猪移入别圈，等断奶适应后全窝分到育肥猪舍。这种情况必须是仔猪体重均匀，相差 2 千克以内，窝内无过于好斗的仔猪。

②不在气候剧烈变化和存在其他不利因素的情况下分群，如春寒、寒流、大风降温、阴雨、更换饲料、更换饲养员、环境改变、嘈杂噪声、改变饲养方法、迁址、防疫、疫情等。

③分群前加喂抗生素，预防因分群的不适应而免疫力下降，诱发疾病。

④留弱分强，把各窝强壮的仔猪分在一个圈舍。拆多不拆少，每窝只留下 8 头，多余部分挑强壮的或弱小的分出；每窝 8 头以下的不拆群，可从另窝中体重差异不大的群中挑拣并入，组成一个新的群体。

⑤同时把两窝以上的强者同时分到一个新圈舍，把弱者也同时分在同一舍内。

⑥先熟悉后并圈，把要分或要合的仔猪同时放牧在一个宽阔的场地里熟悉 3 天，然后分配并圈。

⑦饥拆饱并，即在仔猪饥饿时拆群，并群后立即饲喂，吃饱喝足后各自睡觉。

⑧夜并白不并，因仔猪到了晚上视力模糊，只要气味相投，即可消除敌意，防止引起争斗撕咬或不安。此法必须在合群时向舍内和被合仔猪身上喷洒雾，混淆气味，方保合群成功。不管如何分群，放牧式饲养法要按照仔猪日龄、体重划分

饲养区，隔栏饲养，及时调整各种饲养管理，使各不同日龄的群体正常生长、正常防疫、正常出栏。

3. 仔猪的防疫与阉割

仔猪在刚生下来到未吃初奶前，在猪瘟常暴发的地区和个别饲养场、户中，注射 2 头份兔化弱毒猪瘟疫苗，1.5 小时后哺乳；3 日注射补铁剂；7 日注射气喘病疫苗；20～24 日注射三联苗，满月阉割。防疫与阉割时间要由当地兽医决定，本书提供的时间仅供参考。另外，有机特种野猪仔猪要求可以不阉割。

4. 育肥仔猪的管理

（1）育肥仔猪基础群的组建

特种野猪在迅速扩大种群的同时，应把杂交性状表现较差的公母仔猪及时淘汰，组成育肥群，根据阉割后的生长发育情况和个体大小进行分群，组成育肥基础群。

分群是组织育肥基础群的关键，应按仔猪体重大小合理分群，春、夏、秋每舍 8 头，秋末至冬末每舍 10 头；可按猪舍面积科学分配，夏天每头占 2 平方米，冬季 1.5 平方米，因舍制宜。如遇气温过低或过高，要做好保温防暑工作，因为小猪怕冷，大猪怕热。分群以后的新群，每头仔猪要占舍面积在 1.5 平方米以上，不然，会经常发生咬伤、踩踏致伤等现象。要勤观察，直到新群稳定。

（2）分阶段饲养法

分阶段饲养法是近年来家猪饲养的成功经验，它淘汰了传统的"吊架子"方法，使育肥更科学化。这种方法也适用于特种野猪育肥。

第一阶段，断奶后的仔猪继续使用"特种野仔猪的饲料配方"中 27～50 日龄的断奶饲料配方，根据仔猪生长情况作相应调整。原则上是高能量（12 兆焦左右），高蛋白（14% 左右），促使其快速生长发育。仔猪由于好动和食草性，饲料与家猪有所不同，即早餐喂量是晚餐的 1/2 或 1/3，中午喂青绿饲料，晚上喂饱，饲喂量占全天的 1/2 或 2/3，食槽中应有少许剩料。而早上应让猪"缺一口"，这样既可保证旺盛的食欲，又可发挥其本身食草习性的功能，可有效地防止跳圈、破坏圈门等设备、相互撕咬等不良行为的发生。供给的青饲料品种有瓜果类，如南瓜、吊瓜、黄瓜、菜瓜、西瓜皮、甘蔗皮、菠萝皮等，蔬菜类如白菜、萝卜、甘薯、土豆、菠菜、莴苣、菊苣、冬牧黑麦草等，并根据品种及日程不断轮流更换，保证营养的全面。这样的饲养方法，既长架又长肉，同步进行。

第二阶段，由于特种野仔猪好动，能量消耗大，应根据体况及时调整饲料配方。南方有的饲养场、户，在育肥期仅喂玉米、稻谷粉，加青草、蔬菜，生长发育仍然很正常。但集约化饲养场为了防止某些代谢病或免疫力下降，原则上仍以配方饲料为主。以颗粒料为最佳，粉料加水浸润次之，而原粮不粉碎效果较差。这样一直延续到四月龄，体重 75 千克。

第三阶段是调整阶段，根据市场需求，根据育肥猪的体况、体重调整饲料配方，太肥可减少饲料中的能量原料或采取放牧饲养法；太瘦则增加饲料中的能量原料，调整、减小密度，或把各圈中瘦弱者集中一圈饲养，并在夜里 22：00 加喂一次。本阶段历时一个月左右，紧接着就是出栏销售了。

为了提高特种野猪肉的风味品质，在育肥期的饲料中加 5% 的海带粉，能提高瘦肉率和鲜味；添加腐殖酸钠 0.5%，能有效地减少肥膘，育肥后期防止脂肪沉积，有重要的作用；育肥中后期饲料中加 100 毫克/千克的甜菜碱，可提高瘦肉率，降低背膘厚度，促进生长，提高饲料利用率。总之，提高猪肉风味品质的方法很多，但都为市场需求而改变，决不能添加激素或化学合成的添加剂，威胁人类健康。

（3）做好特种野猪驯化与清洁卫生工作

饲养特种野猪和饲养其他动物一样，要清洁卫生。放养在山上或圈地放养的野猪，除固定圈舍保持清洁外，大面积运动场地可以不打扫，但也要定时把粪便深埋；圈舍饲养的野猪，要勤打扫圈舍，每天清粪两次以上，早晚各一次是最起码的要求，傍晚清粪时要连同吃剩和嚼碎的草渣一同清理干净。如是夏季，清理完成后应用水冲洗干净或结合降温冲洗圈舍，以防病菌繁衍滋生。清理粪便可以在饲喂的同时进行。猪在吃料时警觉放松，这时饲养员可进舍内打扫，但也要注意不要用粗暴的动作制造突然声响，以免猪群受惊而遭受攻击。特别对纯种野公猪，饲养员要经常接触，建立感情，例如，打扫卫生时，给它挠挠痒、梳理毛发，以消除敌意。饲养员可用口哨、语言、声响等缓解野猪的紧张和恐惧情绪。但饲养员始终要保持高度警惕，以防受到突然攻击，造成伤害，尤其防备二代以后的特种野猪。

特种野猪一般都能固定排便位置，但也有少数随地大小便的现象，训练的方法是把粪便放在人为要求排粪的地方，把原排粪点清理干净，用水冲刷后喷洒暴烈气味的液体，如酒精、香精、柴油、消毒液等，以改变原有的气味，使特种野猪迁移排泄位置，并逐渐形成习惯，训练就成功了。其他常规管理与家猪大致相同。

圈舍内运动场既是特种野猪运动的场地，又是青绿饲料的放置地，可以适应其运动中寻找食物的好动习性。所以，圈舍要大，运动场要占卧室 5～10 倍，如条件有限，可设运动场，轮番、定时到运动场运动。运动时间在每天 2 小时以上，饲养人员要分配科学有序，不可同时放出两圈以上，以免引起咬斗伤病。

（4）饲喂的定时、定量、定质

①定时。即固定饲喂的时间和时段。为了提高和保持野猪的消化功能，充分发挥营养的作用，养成良好的生活习惯，定时饲喂就显得尤其重要。育肥猪一般每日应喂两次以上，6:00～7:00，17:00～18:00，中午加青绿饲料。如是 3 次，可在 22:00 加喂 1 次。

定时饲喂有 3 个注意事项：

一是时间差异。一旦养成定时饲喂的习惯，其敏感性就变得极强，时间一到，它们就有冲动行为，例如，吼叫、焦躁不安、拱设备或地面，扒在舍栏墙上向外张望、吼叫等。因此，饲喂前的准备工作要充分，如饲喂粉料，要提前把下次的喂料加水浸润。夏季一般1千克料加1千克水，冬季加500克水，充分搅拌，4~5个小时后，水全部浸入料中，湿度达60%左右再行饲喂。这样的粉料，不会因抢食而呛着，不会因吃得太快而噎着。颗粒饲料不用加水，可直接饲喂，但制作成本高，加工费时。因其效果极佳，规模养殖场一般都采用，它能有效防止挑食、偏食，营养全面，不撒料不浪费，饲喂方便省时。

二是季节差异。我国中、东部地区，夏季和冬季是两个极端的时间差异，夏天6:00，太阳已经出来，天已大亮，而冬季天还没亮，而且是最冷的时段。冬夏时差约2~3小时，要尽量调节白天饲喂时间，其方法是跟着太阳走，即天亮喂料和傍晚喂料，提前和推后时差不要大于半小时；也可以不论季节只定时间，以减小应激。

三是突然的天气变化和人为变化。天气变化指暴风骤雨、闷热、连阴雨、冰雹、大风降温、大雪、连续雪雨等，给按时饲喂带来困难，要观察猪的行为表现，灵活调整饲喂时间，既要尽量按时饲喂，又要兼顾减少应激。人为变化是指个人或饲养场的突发事件急需处理，可视情况调整，一般情况下，户、场主管负责人不能随意调动饲喂时段的操作工人，并应形成制度。

当仔猪长到体重40~60千克，在更换饲料时，不可一次性全部换完，一般应在一周左右逐步加减。第一次减去原饲料的 1/3，加入新料 1/3；3 天后减去原料的 2/3，加新料 2/3；3 天后全部换完。在换料时，必须加适量的酵母粉，以帮助胃肠的适应，避免刺激。同时，首先要密切注意猪的吃食状态，是争抢还是勉强吃食，以确定新饲料的适口性，及时给予调整或停止更换新料。其次观察动态，猪的行为表现常是一种语言，如不爱动、无精打采，或烦躁地叫，则说明身体不适或没吃饱、发情或环境改变，此时，应查明原因及时作出反应，调整改造。正常情况下，饲养员进入圈内打扫卫生，猪往饲养员腿上蹭，咬扯饲养员工作服，是表示亲近友好或已饥饿要吃食；趴在舍栏上向外张望，多是饥饿或发情；在舍内活动场活泼嬉闹，是正常的现象；在舍内舒展地卧睡，表示吃得饱，温度适宜；如扎堆叠卧，则表示温度过低。这些行为语言，要能够识别，及时作出调整方案，保证猪的健康。最后是观察粪便，更换新料以后，如遇拉稀、便秘，应立即停止换料，检查新老配方的差异，找出原因，然后调整调换，并重新核对新饲料的营养平衡，调整后再做试验，同时，医治疾病。特种野猪的大便为连接的栗状，表面光滑，潮湿发亮，是与家猪不同的（如家猪拉栗状粪，可能是便秘或猪瘟的症状），所以，清扫并不费劲。早晨喂料后要及时清理粪便并打扫舍内卫生。夏天把浴池水加满，饮用水加足，晚上喂料时清理粪便和草渣，打扫卫生，以防止污染引发肠胃疾病。要保持清洁饮水长供，特别是夏季，浴池也要经常有水。长江以南的野猪不怕热，怕冷。但小猪都怕冷，零下 5℃ 的天气如果较长，无保温时会诱发肺病。黄河以北的特种野猪则怕热，加上气候干燥，夏季应严防中暑——但大猪都怕热，要注意识别。气温达 35℃ 以上时，大猪只喝水不吃料，影响正常发育，这时就要采取常规防寒、保暖与防暑降温措施。所以，炎热的夏季要特别注意遮阴和喷水降温。喷洒时，不要向猪体上直接喷洒，应喷在舍内运动场地和舍棚盖上，并注意保持卧室内的干燥。有条件的地方可安装太阳能空调。

当育肥猪体重 80 千克以上时，视体膘调整饲料，并根据出栏时间长短，决定增减多少饲料量。特种野猪由于脂肪少（皮下脂肪仅 1 厘米左右），育肥猪体重超过 100 千克的肉质比较"柴"，影响美食品位。另外，在饲养中发现，100 千克体重的育肥猪，生长开始缓慢，经济效益下降。所以，特种野猪育肥一般应在 80～100 千克时出栏销售，超过 100 千克，有的地区不受市场欢迎；而 60 千克以下，口感较差，这些特点与家猪不大相同。因此，在制定养殖计划时，应充分考虑这些因素，即以市场为导向。

②定量。即在不同年龄、体重时期，饲喂不同的饲料数量。从断奶时日喂 4 次到 2 月龄日喂 3 次，3 月龄日喂 2 次，是根据特种野猪育肥猪的生理特点（生长速度比家猪稍慢，饲料营养标准比家猪低），逐步过渡的步骤。在掌握饲料量的问题上，有的按体重定料量；有的敞开供给，以不浪费为准。前者比较科学，后者比较粗放，但野猪饲养尚属新事物，需要

进一步探讨和研究。在饲养中采用种猪按年龄、体重限量供给，而育肥猪前期敞开饲喂，中、后期稍控的 3 阶段饲喂法。育肥猪的饲养原则是促其快速生长，按计划出栏。另一个原因是，特种野猪比家猪好动，如吃不饱、烦躁不安、啃咬设备、互相撕咬、跳圈逃跑或吃纤维很高的干垫草，引发疾病或养成不良习惯。为防止这些不良现象的发生，控制喂料量时可增加青绿饲料的供给，只要有食物可吃，对它们吸引力就很强，可免去很多麻烦。

定量标准可参考本书饲料章节中的饲养标准。与家猪不同的是，同样体重的野猪，饲料营养仅需家猪的 2/3 甚至 1/2，但青绿饲料不可缺少。

③定质。即制定饲喂的饲料质量。种猪饲料在能量 12 兆焦以下，粗蛋白在 8% ~ 12%；育肥猪能量在 12 兆焦，粗蛋白在 10% ~ 14%。值得注意的是，特种野猪对营养的需求比家猪低，即使使用高能量、高蛋白饲料，生长速度也不会明显提高，这是由它的基因决定的，非一般人为条件所能改变。

在特种野猪饲养中，饲养标准自然以理论根据为准，而在实践中，则应灵活运用，根据猪的体况肥瘦、健康状况、气温高低、强烈应激等自然和人为因素进行适当调整。尤其育肥仔猪后期生长阶段，夏季酷热天气，应减少能量饲料；而冬季寒冷，应增加能量饲料以增强其御寒能力。具体饲料成分的改变，要根据时间的长短给育肥仔猪体况带来的变化而定。特种野猪与家猪饲料质量的不同之处在于饲料成分相对简单，青绿饲料量大，可代替部分全价饲料，饲养成本较低。

（5）圈舍驱除蚊蝇的方法

春、夏、秋3个季节，猪舍内蚊蝇猖獗，不仅影响猪的健康和生长速度，还会传染猪乙型脑炎、附红细胞体等病的发生与传播，养殖场、户须十分重视驱除蚊蝇的卫生工作。现介绍几种简单易行的办法供场、户使用：

①用驱蚊草。把驱蚊草分别栽植于直径25厘米的花盆内，成活后可放于栏墙上或吊在卧室里，每舍两盆。

②苦楝树枝叶驱蚊法。取250克新鲜苦楝树枝叶扎成一把，蘸满柴油，悬挂在舍内中央，高度以猪立起够不着为准。

③番茄枝叶驱蚊。采新鲜番茄枝叶捣烂取汁，涂擦猪全身，一般2～3天涂擦1次，也可用喷雾器喷洒汁液；或在猪舍内卧室中悬挂番茄枝叶，每周2次更换新鲜枝叶，亦可驱赶蚊虫。

④用新鲜薄荷整株捣碎，掺入高度白酒，涂擦猪体全身，或用喷雾器对整个猪栏喷洒，并将采集的新鲜薄荷全株投放在猪舍内，每周投放2次。

⑤樟脑丸浸敌敌畏或甲胺磷驱蚊。将3个樟脑丸用3层纱布包好，在敌敌畏或甲胺磷药液中浸蘸一下，吊在卧室上空，每20平方米挂4包，每两天浸蘸一次药液。此药为剧毒，使用时一定要固定挂牢，不可落入卧室内，以防猪中毒。

⑥红色灯泡驱蚊。是以20～40瓦红色灯泡，每20平方米

安装一只，18：00～23：00 开灯，驱蚊效果很好。

⑦猪舍卧室内放清凉油。在卧室内四角各放上一小盒，于傍晚打开盖子，蚊子闻味即逃逸。

⑧饲料中添加维生素 B_1，可减少蚊虫叮咬的机会。

⑨香水（花露水）驱蚊。在傍晚蚊子活动猖獗时，把香水洒在舍内或猪身上，蚊子怕香味，纷纷逃逸。

⑩用 1：3 糖水加热，糖充分溶解后加几滴醋，盛于浅盘中，每盘加一片剂量（0.5 克）的敌百虫粉充分搅拌，苍蝇闻到酸甜味争抢食用，吃后即死。酸甜水也可用鲜血代替。

5. 特种野仔猪管理的注意事项

（1）初生仔猪的护理

刚出生的仔猪，生命力弱，自食能力差，需要人工精心护理。仔猪产下后经接生员擦拭干净身上的羊水，剪去犬齿，立即放入保温箱内（34℃），将氟哌酸药胶囊调成糊状，送入仔猪舌根部让其吞下，防止溶血性肠道病。第一次吃奶，要在人工监护下进行，如遇较弱的仔猪，可将仔猪放入母猪奶头附近，嘴对准奶头，促其吸奶；待仔猪吃饱后逐一抱回保温箱休息，每隔 2～4 小时喂 1 次，连续 3 天。仔猪第四天即可跟随母猪生活，第 20 天注射猪瘟疫苗。

（2）采食训练

仔猪出生 7 天后，生长发育加快，食量增大，仅靠母乳已满足不了需要，从 7 日龄开始诱食，至 20 日龄时就可以进食饲料了。由于仔猪消化吸收系统发育尚不完善，须注意 5 点：

一是干净新鲜，现配现喂，防止肠道病；二是多汁可口，易于消化，如瓜果、薯类、菜叶等；三是切细或磨碎，易于咀嚼下咽；四是少吃多餐，逐步适应，防止消化不良；五是断奶前饲料中加酶制剂和酵母，以防因断奶消化不良引起消化障碍。

（3）断奶管理

因断奶应激大，应加强饲养管理：一是断奶时不能突然改变饲料结构和饲养方法，以免引起消化系统紊乱；二是避免饲料过于单一和蛋白质比例过高，以免造成营养不良和难以消化吸收；三是正式断奶前 3~4 天，白天与母猪分开，停止哺乳，晚上放回母猪舍喂奶，逐步减少喂奶次数；四是断奶后的前几天，应适当减少饲料投喂量，增加饲喂次数；五是饲料中加药物，如中草药等，以预防疾病。

习题：

1. 特种野猪饲养管理分几个阶段，每个阶段有哪些内容？

2. 冬夏季及极端天气条件下如何饲养管理？

3. 调换饲料及肥瘦调料怎样操作？

4. 怎样消灭蚊蝇？

5. 为什么说饲养管理是猪群健康的保证？

6. 特种野猪在饲养管理方面的特殊要求有哪些？

第六章　特种野猪种猪的有机饲养管理与选配

一、有机特种野猪的生理要求

①尊重动物自然生长规律，充分考虑动物的生理、环境、卫生、行为及生理需求。

②提倡自然繁殖，禁用克隆、胚胎移植等人工繁殖技术。

③禁止断尾。

二、种猪的饲养管理概述

种群是猪场的基础，培养优良的种用公母猪，是特种野猪驯养场的关键环节，直接关系到猪场的发展和经营。因此，从仔猪开始就应加强饲养管理，促进其身体各部器官的正常发育，使仔猪更加强壮，提高育成率。断奶以后，要调整成熟期，防止因过肥早熟，懒惰而缺乏活力，保持适当的体况，具备正常的生理功能，以求达到多胎多仔、成活率、育成率提高，达到初发情体重50～70千克，初发情年龄在7个月以上的最佳目的。

三、后备种猪的选育

1. 选种标准

杂交的父本母本的选种很重要，根据市场的需求，重点考虑猪肉品质，口感风味。如与瘦肉型母猪杂交，子代肉质较"柴"；如与地方母猪杂交则较肥腻。我国南方适合用广东粤东黑猪做母本，中部地区适合地方黑猪做母本，北方适合民猪或北京黑猪做母本，杂交的后代鲜味浓，嫩度好，而用瘦肉型与野猪杂交的一代只能作为父母代的母本在生产中使用。三代杂交公猪可做横交父本。

特种野猪种猪的选育标准很复杂，原种选育有纯种野公猪作父本，优良家母猪作母本；父母代由第一代母猪为母本，纯种野公猪或含75%以上野猪血缘的公猪作父本，选择已经发挥野猪与家猪共同的优良性状、外貌特征、抗病、耐粗饲、性情温顺、活力强、生长快等一系列优良指标的杂种猪和第一代母仔猪作种猪，第二代作为商品代。为降低饲养管理难度，提高生产性能，提高繁殖效率。挑选种猪的方法是：选择同窝中体重偏大，眉清目秀，耳小而直立贴颈，鼻长而直，毛色光亮，鬃毛明显，条纹清晰，无皮肤病，四肢相对粗壮，蹄壳黑色或棕色，背腰平直，母猪后臀宽，体态丰满，精力充沛，活泼好动（尤其种公猪），耐粗不挑食，训练即见成效，无恶癖，生长迅速的仔猪作后备种猪，以其良好的基因遗传给下一代，促使整个猪群优良健康。正如农谚所说："公猪好，好一群；母猪好，好一窝。"

体型：仔猪初生体重较大，纵条纹清晰，骨骼和肌肉发育良好，体长腿粗，四蹄黑色或棕褐色，奶头均匀，发育良好，不少于六对，外阴突出端正，臀部稍宽，鬃毛密、粗、长，无皮肤病、蹄病或其他器质性疾病，温驯，耐粗饲和活泼结实的体型。过肥或过瘦及发育不良、吃了就睡、免疫力低下、两头尖、凶猛的仔猪，有恶癖的仔猪均不宜做种母猪。

2. 后备种母猪的饲养管理

后备种猪的饲养管理原则是控制体重，调整成熟期。这个问题解决得好坏，直接影响到种猪的生产性能，直接关系到猪场的经济效益，应引起足够的重视。

（1）种仔猪断奶后的管理

断乳前，以诱食饲料为主，母乳为辅；断乳后的管理可参照第五章"仔猪管理"，尽量减少断奶带来的应激。饲料中应添加酵母或多酶片以帮助消化，其饲料配方可参考育肥仔猪断奶后的饲料配方。食欲差可用香、腥类食料加入，必要时加点奶粉，尽量减少断奶的负面影响，防止因断乳体重不增或消瘦。

（2）分群饲养

种猪应在断奶后一周按公、母进行分群。根据圈舍大小，每1.5~2平方米一头的标准，计算每圈分配的数量，分群的管理方法参照育肥仔猪分群的章节。所不同的是，种猪所占圈舍面积比育肥猪舍要大，种公猪要占3平方米左右，40~50千克每头单独圈舍，其饲养密度比家猪低得多。

（3）饲料的搭配

断奶后的仔猪，是特种野猪的阶段性转折时期，是种猪适应新环境、高速度生长骨骼和身体各器官的时期，因此，饲养中应以全价配合饲料为主，辅以青绿饲料，并培养对野草、野菜、树叶等野生植物和蔬菜类（如各种萝卜、白菜、土豆、甘薯等块根类果实以及牧草类如冬牧黑麦草、苜蓿、菊苣、籽粒苋、俄菜等青绿饲料）的兴趣。由少到多，不断轮回地补给，严防拉稀、腹泻。

配合饲料可参考下列各配方。

10～25千克体重的后备种猪的每日饲粮标准是代谢能13兆焦，粗蛋白14%，按饲料配制方法，可得出以下配方。

配方1：

玉米45%、稻谷17%、豆粕10%、骨粉1%、麸皮15%、细米糠6%、鱼粉5%、微量元素1%、食盐0.3%（适于南方）。

配方2：

玉米61%、豆粕10%、麸皮12%、鱼粉3%、米糠6%、花生饼3%、草粉5%、微量元素1%、食盐0.5%（适于北方寒冷地区）。

配方3：

玉米35%、小麦次粉10%、杂交稻谷10%、大麦5%、豆粕8%、鱼粉5%、麸皮10%、芝麻饼5%、统糠粉11%、微量元素1%、食盐0.5%（适于中原地区）。

配方4：

玉米43%、谷子10%、燕麦10%、豆粕10%、鱼粉3%、花生饼3%、麸皮10%、草粉5%、大麦5%、微量元素1%、食盐0.5%（适于西北地区）。

在使用以上配方时，要根据当地所产饲料原料因地制宜加以利用，并根据体重与日龄，逐步加料，按猪体重的4%～5%的比例为日投喂量投喂，做到猪长料长，定时定量，同时，不断增加青绿饲料的供给量。还要根据膘情和生长速度、季节变化，随机调整饲料配方和饲喂量。种猪不要追肥，这是与育肥猪的根本区别，农村传统饲养家种猪的方法大多采用饥饿法，减少饲料供给量，以达到控制过肥的目的。但野猪天生好动，如缺食料，破坏性很强，甚至撕咬同类、拱坏圈舍设备。为防止各种意外发生，减少应激影响，可在标准料里加填充料，如粉碎后的稻壳、玉米棒芯、干草、秸秆、干树叶、甘薯滕、花生滕壳、葵花盘壳、松叶松果等。使用这些作填充料时，尽可能经过发酵处理，因这些品种中含大量木质素、纤维素，野猪是难以消化的。填充饲料也可使用青绿饲料，能增加一些维生素和微量元素，但能量很低，一举多得。圈舍内要保持干燥、卫生、及时清扫以防蚊蝇传播疾病。体重达30～35千克时，配方中的粗蛋白下降到10%～12%，代谢能下降到10～12兆焦，可试用以下配方：玉米35%、小麦次粉10%、大麦8%、麸皮10%、豆粕10%、细糠10%、统糠（粉）10%、鱼粉5%、骨粉1%、微量元素添加剂0.5%、酵母粉

1%，食盐0.5%。

四、特种野母猪的发情与配种

1. 特种野母猪发情的时间与特征

在我国，长江以南，后备母猪初发情6～7个月；淮河流域及以北到黄河流域，后备母猪初发情7～8个月；黄河以北，新疆维吾尔自治区（以下称新疆）、宁夏回族自治区（以下称宁夏）、青海、内蒙古自治区（以下称内蒙古）等省区以及东北三省，后备母猪初发情期8～9个月。人工饲养的母猪提前发情或推后发情，则要检查原因。如营养不足或过剩、疾病、过肥、过瘦、管理粗放等，都将使母猪发情推迟或提前，而病猪和治疗无效的母猪、无病而不发情的母猪，有恶僻，难驯化，野性太强等在培育中应予及早淘汰。

2. 配种

特种野猪发情周期18～24天，发情时间为48～72小时，明显发情症状是发情后24小时。从外观上看，发情母猪阴户肿胀，有少量黏液流出，表现食欲缺乏或拒食，情绪不安，常站在舍门口向外张望并发出叫声，爬胯同圈舍母猪，有的跳圈，烦躁不安。发情母猪阴户从大红到紫红，时间在第二天到第三天初，此时配种最合适。经产中年母猪应在第二天靠前一点，老年母猪应在第一天末配种。手按其臀部和腰部不动，就可把公猪赶到母猪圈舍内进行自然交配，第一次配种成功后，于12～18小时复配一次，配种工作就完成了。

五、杂交选配

1. 杂交的意义

从遗传学上讲，凡是有关位点拥有不同等位基因的两个亲本交配即称为杂交。其效应是使基因型杂合而提高表现型的整齐度，有利基因对不利基因呈显性，抑制了不利的隐性基因，使杂种个体生活力增强、繁殖力提高、生长速度加快、优于双亲，这种遗传效应称为杂种优势。一般遗传力低的性状，如产仔数，泌乳力，育成仔猪数，断奶体重，体质结构等，杂交时表现的杂种优势明显，近亲交配易退化。相反，遗传力高的性状，如外形结构，胴体长，屠宰率，膘厚及肉的品质等性状，杂交时则不易获得杂种优势。而遗传力中等的性状，杂交时可获得中等程度的杂种优势；杂种优势还取决于杂交亲本在遗传上的差异，差异大比差异小的杂交能获得较高的杂种优势。选择品种或品系间亲缘关系差异较大的品种杂交，才会获得明显的杂种优势，取得所期望的杂交效果。

选配的意义在于提纯复壮，防止近亲蜕化，保持下一代优良的杂交优势；保持仔猪的抗逆，耐粗饲；提高产仔数量，提高仔猪活力和成活率。野猪杂交是指同科中不同的品种、品系或类群间的个体交配，以不同等位的基因形成基因杂合。新杂交后代特种野猪个体均保持仔猪的抗逆、耐粗饲、提高产仔数量、提高仔猪活力和成活率等优点，优于父母代性状。为了提高特种野猪的优良性状，第一种方法是采取纯种公猪纵交的方法，母本使用进口猪种杜洛克，使杂交后代保持在75%的血缘，作为商品代。这一组合经实践证明是最理想的。其外部特征与纯种野猪外貌相似，肉品质最佳。在经济杂交育种中，要根据市场需求，而不是野猪血缘越高越好，因为纯种野猪繁殖能力差（季节性发情，每年只产一窝，每窝6只左右），野性强，受应激因素影响很大，难以驯化，生长缓慢，给饲养管理造成很大难度。第二种方法是以50%血缘的母猪作母本，父本以75%血缘，杂交后代62.5%血缘作为商品代，肌间脂肪丰富，解决了纯种野猪"肉柴"的问题。

2. 选种及提纯复壮

由于特种野猪大半保持野猪的血缘，其优良性状表现突出，适应能力极强。在黄淮地区，冷热气候变化大，特种野猪在持续零下10℃的低温下，没有加温，只在圈舍内加一些干草仍可安然过冬；夏季37℃以上的高温，吃食料正常，表现出了极优良的性状；在运输方面，两天不喂食、水，只喂几个苹果也未发现异常。

繁育杂交野猪为防止近亲交配，要建立档案，分系记录。杂交配种的纯种公猪的来源，要从不同地域和气候条件的异地选购，如岭南、大别山、秦岭、东北等地精选2~3头纯种公猪作种猪。家母猪以我国近年来从国外引进的杜洛克、皮特兰，或国内的苏太猪、金华猪、北京黑猪、黄淮黑猪、里岔黑猪、江南圩猪、梅山猪、内江猪、文昌黑猪、新疆黑猪、西藏黑猪等地方优良品种作种母猪为好（不宜用白色猪种作种母猪）。作为原种群，第一代杂交如用大别山纯种公野猪，母猪应选用养殖场所在地或本地区的优良黑母猪，或购买本地区种猪场里的国外引进的母猪作种猪。但国外引进的母猪每胎的产仔率不高，一般在 10 头左右，杂交以后，产仔率更低。而梅山猪、苏太猪初产每胎 10 头以上，经产 15 头左右，奶量充足，母性强，仔猪成活率高，适应气候能力强。如用大别山纯种公猪配苏太母猪，所产第一代特种野猪是比较优秀的杂交组合。如不是科研定向纯繁，普通经济杂交育种代内不能混配，也不能再用同一只纯种公猪交配该代后备母猪，只能选用另一种自然环境下衍生的纯种野公猪。如大别山（公）与苏太（母）的杂交后代只能与秦岭纯种公野猪相配，进行二代杂交，这样的远缘杂交，后代优良性状更加突出。怎样选择一代种公猪呢？就是要选适合当地所处的地理位置、气候环境或近似当地气候所生长的纯种公猪。如饲养场在北京地区，可选北京周边山区的纯种野公猪，或选东北地区的纯种野公猪作为一代的种公猪，用美国杜洛克或北京黑猪作母群，后代抗冷、个大；如饲养场在郑州，可选秦岭或大别山的纯种野公猪，气候应激小；江南的养殖场可选岭南纯种野公猪——这样产出的后代耐热、抗病耐粗、适应能力强。从经济效益角度讲，地方优良母猪与纯种公猪杂交后代适应当地市场而缺乏大众市场或国外市场的竞争力。

3. 种群的选配

可参考以下方案。

①以纯繁纯种野猪，纯繁杜洛克为祖代种群。

②以纯种野公猪为父本，杜洛克母猪为母本，杂交后为野、杜二元杂交后代，野猪血缘为50%，作为父母代种群。

③以纯种公猪为父本，野、杜二元母猪为母本，产生二代杂交野猪，血缘为75%，作为商品代。

④以纯种公猪为父本，二代杂交母猪为母本，产生三代杂交后代，既可作商品代，又可作种猪，血缘为87.5%。

⑤以第三代杂交野猪为父本，50%杂交野猪作母本，产生68.75%血缘的杂交野猪，可作商品代。

⑥经济杂交，是以构成组合的品种数量为依据，通常称为"二元"、"三元"、"四元"或组合式 AB 乘 CD、AC 乘 BD 等。选择杂交的方法取决于经营目标，如毛色、体型、生长速度、繁殖数量、仔猪存活率、胴体瘦肉率等指标而定。

⑦配种最佳时期为后备母猪发情第二天末，经产母猪第二天初，老母猪第一天末。

六、怀孕母猪的管理

1. 怀孕鉴定

种母猪在配种之后，怎样确定是否怀孕了呢？适用于野猪的方法是观察和试配法。两次配种成功后，在 24 天内母猪表现情绪稳定、阴户收缩、行动稳重、食量增加、皮毛光亮、增重正常，并不再有发情表现，可以肯定怀孕。初配的后备母猪，个别有假发情现象，但发情表现轻微，可把公猪赶进母猪舍试配，如不让公猪爬胯，又消失很快，食量不减，食后能安静或安睡，抚按腰臀，夹尾逃避，也可诊断为怀孕，但必须再观察一个月。母猪从受精怀孕到分娩产仔的整个过程，是胎儿生长发育与母体密切相关联的集中表现，高度重视这一时期的饲养管理，是母健子壮的基础。

2. 怀孕母猪的三阶段管理要点

怀孕母猪是养猪场的基础，直接关系经济效益，做好怀孕母猪饲养管理，意义十分重大。特种野猪 3 阶段管理是参照家猪管理在实践中摸索而来，值得一试。

第一阶段是怀孕前期，从配种到 28 天，受精卵一面发育一面向子宫角移动着床，有两个危险期，9 ~ 13 天和 21 天左右，不能有任何应激反应，如意外声响的惊吓、强行哄赶、抢食拥挤、地滑跌倒、打斗、突然更换饲料、饲料发霉变质、环境突然改变、疾病发生及强行注射药水等，都可能造成胚胎死亡或流产。怀孕母猪流产的预兆是，有的厌食一两餐，有的稍有精神不振。如饲养员稍不留意，就会忽略。第一阶段的胎儿发育缓慢，营养需要量因怀孕时间长短而各异，但都不需额外加料。不可忽视的是供给充足的青绿饲料和不可缺少的细米糠与麸皮，尽量减少能量较高的饲料原料。

第二阶段是怀孕中期，为 29 ~ 80 天。这期间的危险期在 60 ~ 70 天胎盘发育停止，如胎儿仍急剧发育易造成死胎。营养供应中等偏低，一般在每千克饲料中消化能为 10 ~ 11 兆焦，粗蛋白在 12% 左右，同时供给大量青绿饲料。

第三阶段是怀孕后期，临产前 35 天左右，是胎儿发育最快的一段时间，要求高营养水平的饲料饲喂。饲料中注意钙、磷、维生素 A、维生素 D、维生素 E、维生素 B 以及微量元素的平衡。后期为防母猪便秘和促进产后泌乳，可适当添加脂肪。

3. 怀孕母猪的常规护理

确定母猪怀孕以后，对其进行的常规管理、护理事项有：

一是保胎，保证胎儿在母体内正常发育。要注意分栏饲养，如原圈舍每舍 8 头，可分为 4 头；把好斗的母猪单圈饲养或 2 头一个圈舍，精心管理，态度温和，禁止打、吓；每天观察和记录饮食、饮水、排粪、排尿情况，发现病态，立即诊治；保持良好的卫生，按时清扫舍内排泄物及吃剩的草渣；注意防寒保暖和防暑降温及良好的通风环境。

怀孕前期一个月有两个关键，9 ~ 13 天是受精卵着床期；20 天左右是胚胎器官形成分化期，这时的饲料粗蛋白要高、能量要低，但饲喂数量不要多。怀孕前期应以优质青绿饲料为主，中期逐步加料，形成阶梯式递增，青绿饲料占日喂量 50% 以上。后期一个月，初生仔猪体重的 60% 是在怀孕末期 30 天内形成的。所以，加强前后各一个月的饲养管理，是防止怀孕母猪流产，增加初生仔猪体重、数量、成活率的关键环节。

二是适当调整日粮。怀孕到第二个月，对体况较瘦的怀孕母猪，应适当增加喂料量；对体况八成膘的怀孕母猪前、中期只给予营养水平一般的饲料，以青绿饲料调节，到后期再供给营养丰富的饲料。

三是掌握日粮体积。怀孕后期的母猪，既要营养全面，又要按标准供给。为减小饲料在怀孕母猪腹中所占体积，可增加饲喂次数，让其少吃多餐，以达到既不压迫胎儿，又能促进胎儿正常发育的目的。

四是分娩前一个月分群。虽特种野猪喜群居，但在怀孕后期，分群是必需的。一个圈舍内有两头母猪同居较为安定，如突然分为一个圈舍一头母猪，就会发生母猪不安地寻找伙伴、情绪不稳定、吃料减少、影响胎儿发育或因动作太大引起流产，可在 110 天左右（临产期）再分为每舍一头母猪。产前 3~4天，要减少喂料量1/3，减去青绿多汁饲料，防止产后乳房炎或因乳汁太足、太浓，含蛋白过高，使仔猪消化不良诱发肠胃疾病。

4. 怀孕母猪的日粮标准

后备母猪过渡到怀孕母猪，体重和体内会发生很大的变化。配种后 14 天内以青绿饲料、块根类饲料为主，以细米糠和麸皮为辅，日粮 1.5 千克，以保证坐胎率。15~29 天饲喂含消化能 11 兆焦、粗蛋白12%~14%的配合饲料，日粮 1.5 千克。29~60 天，在怀孕母猪体重为 40~50 千克的范围内，每头日粮标准消化能在 12 兆焦左右，粗蛋白14%。掌握这个标准，根据第四章饲料配方章节中的试差法进行计算，配成怀孕前期的饲料，大致可得出以下配方：玉米 35 千克、豆粕 10

千克、鱼粉 5 千克、麸皮 18 千克、细米糠 15 千克、小麦次粉 15 千克、骨粉 1 千克、微量元素 0.1 千克、食盐 0.5 千克。每日饲喂量 2～2.5 千克。根据母猪体况，适当添加青绿饲料或块根饲料。三周后调整配方或加量。60～80 天所用的饲料，营养量先下降后上升，到第 75 天后逐步增加营养，达到 80～114 天的饲养标准，消化能 13 兆焦，粗蛋白 14%～17%。

从 29 天到 80 天为怀孕中期，饲喂量由原来 1.5 千克陆续增加达 2～3 千克，不足部分仍以青绿、块根饲料补充。从 81～114 天为怀孕后期，饲料每日 3～4 千克，由两次饲喂增加至 3～4 次。由于体重不断增加，饲料宜精而不在于多，增加配方中粗蛋白含量达 12%～14%，并要根据季节调整配方原料，如冬季适当提高能量原料，夏天应减少能量原料。

怀孕母猪日粮不可忽视的 4 个过渡期（更换饲料）：第一是 15～22 天，营养量逐日上升；第二是 29～60 天，能量增加；第三是 60～75 天，营养量逐日下降；第四是 75～80 天，营养量逐日上升。场、户应根据各期特点做好管理配合。

七、特种野猪的接产技术

1. 怀孕母猪产期测算

特种野猪怀孕期 113～116 天（比家猪长 3～4 天），计算的方法是 3 个月＋3 周＋3 天，这就是简单易记的"三三"法，即从配种的那一天开始，加 3 个月，再加 21 天，再加 3 天，就到了预产期。如 3 月 10 日配种，加 3 个月是 6 月，加 3

周是 10 + 21，等于 7 月 1 日，再加 3 天即是 7 月 4 日生产。另一个方法是"加 4 减 6"，即加月减日。如配种是 3 月 10 日，加 4 得 7，即 7 月，10 日减 6 等于 4，即 7 月 4 日生产。初产母猪可能提前一天，经产中年母猪时间正常，老母猪推迟 1 天左右。

2. 接产前的准备工作

当母猪怀孕到了临产期前 7 天，应着手做好准备工作：分栏，每圈舍两头以上的母猪分为一头，这时的母猪肚子已大，行动受到限制，分栏则不会因动作太大而流产，比较安全。每日在饲料中加维生素 C 1 克，防仔猪窒息。产前 7 天，母猪吃料减少，排便有些异常，小便次数增多，活动量降低，临产前 2 ~ 24 小时衔草筑窝。实践中发现，衔草时间较长的，母性较好。因此，要提前做好准备工作。其工作有：

一是圈舍彻底打扫干净，用水冲洗，待干后用消毒液喷洒。二是安装照明灯具。三是冬季或气温低时制作保温箱。四是备好胶皮手套、毛巾、剪刀、扎线、碘酊、脱脂棉球、工作服，并在消毒液中浸泡两小时以上密封备用。五是把握产期，一般健康母猪第一、第二、第三窝（胎次）比预产期提前 0.5 ~ 1 天，4 ~ 6 胎与预产期时间持平，7 胎以后比预产期滞后 0.5 ~ 1 天，即推迟一天左右。

3. 接产

母猪临产前一天，经过衔草等一阵折腾后，躺下有怒责行为时，就要下崽了。接产时操作方法为：接产人员戴手套，穿工作服，把一应工具用一消毒箱盛装，随身携带。当第一个崽产下时，即捡起，用1‰的高锰酸钾溶液浸过的毛巾擦拭仔猪鼻、嘴内黏液，保证呼吸畅通；然后擦拭全身黏液及血污，将脐带留5厘米扎线后减断，在剪口处涂上碘酊，并剪掉口内两侧犬齿，打上耳记标，放入保温箱内。产完后，将氟哌酸调成糊状，放入每个仔猪口内，防止黄白痢。待母猪产下胎衣，接产人员清理污染的垫草和血污，用消毒液擦拭地面，并及时换上切短并消过毒的柔软垫草。再用来苏水消毒液擦拭母猪两侧乳头，及时给母猪（颈部）肌注320万~400万单位青霉素以防母猪感染疾病。然后再将仔猪放回母猪栏舍内哺乳，把最小的放在前面的母乳头上，把大个的放在后面的母乳头上，这样训练几次，它们就会自动找到自己的吃乳位置。同时，要注意观察，帮助比较弱小的仔猪吃上初奶。每隔4小时喂奶1次，连续3~4次，第二天增加8次以上，连续3~4天，以防刚生下的仔猪被压死。以后加强观察仔猪的排便、稀干和精神状况，做到早发现、早治疗，确保仔猪健康地生长发育，提高成活率及养殖效益。

对出生时假死的仔猪，应马上急救，方法是迅速将鼻、口中的黏液擦拭干净，对准鼻孔有节奏地吹气，刺激仔猪呼吸；另外，可将仔猪倒提，促使黏液从鼻口内流出，并同时用另一只手轻轻拍打胸部，直到发出叫声为止；再就是人工呼吸法抢救，将假死的仔猪腿朝上放在垫草上，一只手抓住前肢固定；另一只手托住后肢，前后伸缩，一紧一松地压迫胸部，进行人工呼吸抢救。

有些母猪野性很强，不允许舍内有人或保温箱。当产下第一个仔猪时，起身舔食幼仔身上黏液，若看到有人在舍内，可能会有几种表现：一是表示愤怒或攻击；二是衔幼崽往角落藏；三是吃掉幼崽。遇到这样的母猪，人只能在舍外监视，并切记不要暴露，不要发出声响。不要管它，任其自然。野猪在山林中无人护理，一样能顺利生产、哺乳，条件远不如人工圈舍。所以，遇到这样的纯种和血统较高的、返祖现象严重的母猪，也只有任其自然了。实践证明，这样的野母猪护理能力很强，如在夜里产仔，第二天天亮猪舍就干净利落，见不到一点血迹或黏液，胎盘已经吃光，几头幼崽趴在母猪肚子上安睡呢。

对此种母猪，关键是做好圈舍加温，只要舍内温度保证26～30℃，可保无忧。

八、产后的管理

特种野猪护仔行为较强，有的产后母猪护仔，即使饲养员也不能接近仔猪，仔猪一旦发出叫声，母猪会奋不顾身地发动攻击，所以，操作比较困难。如把仔猪拿开，母猪会不安地寻觅，常跳圈、咬坏圈门，破坏性很大，并主动攻击进圈操作的饲养员。温驯的母猪，当饲养员接近仔猪时，主动用身体横挡，把仔猪护在里面，并发出警示信号。如再不走人，它就会吧嗒嘴以示愤怒。所以，特种野猪产仔后，要试探性地接近，以防其野性发作，或边生边吃，或惊恐停产，形成横胎难产。实践证明，野母猪由于体瘦敏捷，绝大多数不会压死仔猪，预备哺乳时总是先半蹲，用肚子感觉仔猪的位置，试探性卧下，如肚子下面有仔猪没法卧下，母猪会站起来用嘴拱开仔猪，重新卧下，一旦有仔猪被压发出叫声，会立即起身，动作很快，护仔能力比家猪强。尽管如此，在母猪产前产后，仍须24小时监护，以防意外。保障仔猪吃上初乳，其他方法与家猪相同。遇到上述监护困难的母猪，可在生产前几天把塑料棚搭起来，调节温度，以母猪不张嘴喘气、卧下舒展为标准。

1. 喂料管理

母猪产后8～10小时停止供料，只给少量豆粕麸皮汤，料水比例为1∶10，或用麸皮250克、食盐25克、水2 000克、抗生素适量，搅拌成汤；产后2～3天内，喂一些营养丰富易消化的饲料，日喂量在1 000克左右，不喂粗饲料，加喂干净的青绿饲料；产后4～5天恢复产后正常供料，每日2～3千克，日喂3次；产后10～20天，每日投喂3～4千克，日喂3～4次；产后30天左右，是断奶的时期，每日投喂2.5～3千克，每日投喂2～3次；断奶以后，日喂2次，总料量2.5千克。

2. 泌乳管理

特种野猪泌乳机能发达，很少有缺乳或无乳现象。对个别无乳或奶量不足的母猪，可补喂豆浆、小米粥、胎衣汤、鱼汤等催奶。如仍然缺乳，仔猪饿得叫，可采用以下方法。

①黄豆1千克，鹅蛋2个，先把黄豆碾磨成豆浆，煮沸，

将蛋打入调散，充分搅拌，2 分钟后盛起凉至 20 ~ 30℃喂母猪。

② 干海带 250 克，浸胀切碎加猪油 50 ~ 100 克，煮沸喂母猪，每周 1 次。

③ 鸡蛋 5 个，鲜藕 500 克，加水同煮喂母猪，每天 1 次，连喂 3 天。

④ 鲤鱼或鲫鱼 500 克，清炖，去刺，加黄酒 250 毫升混合，每天 1 次，连喂 3 天。

⑤ 豆腐 1 000 克，皂角刺 45 克，炒王不留行 75 克，加水煮沸，去药渣，每天早晚各 1 次。

⑥ 中药汤：路路通 30 克、王不留行 40 克、当归 40 克、漏芦 30 克、红花 15 克、桃仁 30 克、白头翁 40 克、益母草 100 克，煎水一日 3 次喂服，喂时加米酒 200 ~ 300 毫升。

在母猪哺乳一周后，每日大约哺乳 15 ~ 18 次，每头每天喂给应不少于 2 000 克全价混合饲料，其中豆饼或豆粕不低于 200 克，优质鱼粉不少于 80 克，骨粉 50 克，食盐 30 克，并且配以青绿多汁饲料，如胡萝卜、白菜、青萝卜、瓜类等蔬菜类和牧草类饲料。另外，每周增喂 1 次牛、羊、鸡、鸭骨头汤，这样才能证母猪多产奶，产好奶，提高仔猪成活率。并根据母猪膘情，随时调整日粮比例，保证母猪八成膘状态。

实践证明，特种野母猪一般不会缺乳，但有时母猪产仔多，这时应分批哺乳。还可自配人工乳，分批饲喂。其配方为：牛奶 1 千克（或奶粉 100 克），鸡蛋 1 个，鱼肝油、葡萄糖各 20 克、复合维生素 B 1 片，微量元素添加剂适量，硫酸亚铁 50 克，硫酸铜 4 克，氯化锰 4 克，碘化钾 0.3 克，加水 1 000 克充分搅拌而成。每日 6～8 次，人造奶温度 30～35℃，每头仔猪一奶瓶，约 50 克，用人用小奶瓶饲喂。

由于环境和条件的反射，以及自身的恶癖、代谢病等原因，有的母猪食崽，边生边吃。防治措施有以下几种。

一是补充怀孕母猪饲料中的钙、磷、氯、钠等微量元素以及维生素类营养物质。二是人工接生，要防止母猪在生下仔猪时舔食黏液，由于口渴，连同崽猪一起吃下，并在擦干净的仔猪身上涂少许母猪尿液。三是清理母猪产后胎衣、死胎、血污及黏液，打扫干净并消毒，并供给清洁温水饮用。四是禁止饲喂含生骨肉或残汤，防止养成食生骨肉的习惯。五是产仔时，严禁生人进出。临产前饲养员进舍内可做试验，如反应强烈，退出后不要再进舍内，不要赶哄，不要制造声响以防受惊。六是临产前用小杂鱼或小河虾煮汤喂饲，每次 250 克，一天 1 次。七是用毛发烧成灰与高粱同煮，沸后捞出加入母猪饲料内饲喂。

3. 温度管理

母猪下仔时，如对饲养员在圈舍内无不良反应，可将擦拭干净的仔猪放入 28～32℃保温箱内；如母猪有强烈反应，人就不能靠近，如是冬天，立即把准备好的暖棚搭起来，以防冻伤、冻死、压死。把温度控制在 26～30℃，过高母猪喘粗气，不适应，过低初生仔猪活力差，怕冷。

母猪圈舍常温应在 26℃以上，低于 8℃，其活动量减少，身体各部协调能力差。因此，猪被压死的现象多半是由温度过低引起。适宜的温度从视觉上判断是仔猪在圈舍内活动自如，活跃，卧姿伸展；温度过低则出现仔猪扎堆，或叠罗汉，或紧贴母猪肚子上，或颤抖等现象。舍内温度关系到母、仔的健康和仔猪育成率等问题，因此，不能忽视。

4. 断乳与催情

仔猪经过初乳期、中期、断乳期 3 个阶段的哺乳以及哺乳期的诱食，已经逐步适应外界环境。达 26~30 天的仔猪，由于牙齿长出，食量剧增，奶水已不能满足仔猪的食量。一部分母猪的奶头被咬烂，造成许多伤口，再哺乳时产生剧烈疼痛，因此，哺乳母猪怕疼拒绝哺乳，这时就应立即断乳。仔猪断乳的饲养管理根据本书第五章"仔猪的管理"一节进行。断乳母猪的管理要点是，断奶当天的早上，用炒黄的大麦芽 150克、蒲公英 50 克、、淫羊藿 10 克煎汤喂母猪，连用 3 天，以退乳催情。杂交母野猪断奶后一般在 7~18 天发情。如果母猪体况能够达八成膘，超过 18~20 天不发情即为不正常范围，须查明原因，及时治疗。可用纯中药制剂"促孕一剂灵"治疗，该药对子宫炎、习惯性流产、卵巢囊肿、持久黄体等疗效显著，具有活血调经、理气安胎、乏情促情、发情致孕的功能。用量为每千克体重 1~1.5 克，调成糊状灌服或以料诱食，发情后再用一次有保胎作用。

5. 防乳腺炎

乳腺炎发生在母猪哺乳期间或断奶期间，患猪乳头有一两个表现红肿，表面发热，随病情发展，乳腺淋巴结肿大，短期内扩大至多个乳头甚至整个乳房，母猪拒绝哺乳，乳汁稀薄，内含絮状物或乳块，呈淡黄色，混有血液和脓汁，母猪精神烦躁不安或精神不振，食量减少，体温升高，心率加快，侧后肢运动障碍等症状。可用抗生素治疗。本病与管理有很大关系，母猪断奶必须循序渐进，一般做法是每天减少哺乳次数，经过3～5天，才能完全断乳。另外，在哺乳期内，要供应充足的饮水，饲料中的蛋白不可过高，食盐不可过量。

6. 补饲

母猪经过一个哺乳期，大部分比较消瘦，很难在一周内发情。当乳房里的乳被消化吸收完之后，提高饲喂量，叫补饲。母猪体况较差的要补以原一倍的料量，中下等体况补50%的料量，配种后即恢复到保胎饲喂量，以免胚胎死亡。补饲的饲料营养要全面，并在每千克饲料中加维生素E200毫克，至发情减半，促使发情。

九、种母猪的淘汰

从后备种猪到第一胎断奶，其怀孕表现、产仔数、成活率、哺乳表现，做详细记录，对性状差或产仔不稳定的种母猪，均应淘汰。

（1）正常淘汰

凡连续8～10胎，生产年限5年以上，产仔率下降的母猪，应予淘汰。

（2）非正常因素的淘汰

一是母猪母性差，经常发生压死仔猪、不哺乳、不护仔、践踏仔猪，与仔猪争食咬抛仔猪等。二是发情不规律，或发情拒绝配种，扑咬公猪，配种受孕率不高。三是产仔数量少，产仔窝数少，无病空怀。四是慢性子宫炎、阴道炎、寡情等久治不愈。五是仔猪惊叫就攻击人。六是产仔返祖蜕化，无条纹、花白、毛色变异等均宜淘汰。七是年老体弱，产仔少，产期拖延的母猪。八是有恶癖的母猪，如食仔、喜拱、啃咬设备、好斗、咬人等均应淘汰。应当特别提醒的是特种野猪二三代杂交母猪，季节性发情表现比较突出，每年春季发情一次的现象多发，催情效果不明显或假发情，是含野猪基因较高的原因，但不是病。

十、种公猪的饲养管理

1. 种公猪的选育

要求体格健壮结实、体型高大、身体各部匀称、毛色光亮（皮肤灰色，且被粗糙的暗褐色或者黑色鬃毛）、无生理缺陷、性欲旺盛、配种成功率高、产仔多，仔猪成活率高；无恶癖，性温驯，不主动攻击人。

2. 种公猪的饲料供给

种公猪的饲养原则是不肥不瘦，饲料营养全面，并辅以青绿饲料和规律的运动。

种公猪的后备期为 10～12 个月，饲料标准与种母猪大致相同，管理方法也基本相同，都需要喂饲充分的精饲料以供身体各器官发育，辅以青绿饲料。四月龄以后，精饲料每日 1 ~ 1.5 千克，日粮标准为粗蛋白 10% ~ 12%，代谢能 10 ~ 12 兆焦，维生素及微量元素，钙、磷、食盐均不能缺乏。

配制公猪饲料，应注意以下几点：

一是饲料中不应含有对公猪性欲有影响的棉籽饼粕、菜籽饼粕以及含酒精的酒糟；二是不能乱用浓缩料，目前，市售的浓缩料均有针对性，选用时一定要选用种公猪专用浓缩料；三是饲料原料要新鲜，禁用发霉变质的原料配制；四是适于种公猪使用的青绿饲料应新鲜，捂黄了或腐败了的，或冰冻后又化开的青绿蔬菜、块根饲料，均不宜饲喂。冬春季节以黑麦草、白菜、胡萝卜、包心菜为主；夏秋以苦荬菜、甘薯藤、菊苣、籽粒苋、苜蓿、白菜、萝卜类以及无毒野草、树叶等。种公猪的青绿饲料应占日粮 50% 以上，非配种期精料 1.5 ~ 2 千克，青绿饲料 3 千克以上。连续配种需添加高蛋白饲料，如鸡蛋、鱼汤、奶粉等易消化的饲料补喂。

3. 增加运动量

正确、适当的运动量是种公猪的体质和种用价值的保证。春、夏、秋在早晨或傍晚由专人监护自由运动，冬季则于温暖的中午进行，禁食腐败动物尸体，防止逃跑损坏庄稼，防止逃跑被驱赶而伤人，防止农药中毒。

4. 分圈舍饲养

从种公猪有性行为开始，大约 4 月龄时，种公猪要单圈舍饲养。但由于野猪的群居习性，单圈舍饲养常引起跳圈，或闯入其他圈舍内攻击互咬，要特别关注刚分圈的种公猪，以防意外。后备公猪在 4 月龄前可以混养或放养。

5. 种公猪的淘汰标准

野公种猪要求品种纯正，系谱、档案记录清晰、规范。

一是要求种公猪为纯种或至少不低于 87.5% 野猪血缘的公猪。二是系谱要求出生地或来源、纯种或杂交代次，并编号以示使用时识别。三是种猪档案，记录内容包括来源地及年龄、配种的杂交母系及结果、后代表现，是否符合特种野猪的性状要求（包括所配杂交后代外形、优良性状、成活率、生长速度、有无恶癖等）。通过以上资料综合分析是否应予以淘汰。四是种公猪的标准应具备野猪的本来习性、耐粗饲、抗病力强、驯化管理容易、无恶癖、配种容易、配种时不伤害母猪等标准。

合格的野公猪一般使用 4 年左右，如在 4 年中所配母猪产仔数普遍偏低，可不按年龄淘汰。

习题：

1. 为什么说养好种猪是养猪场的基础？

2. 种猪饲养分哪几个阶段，各有什么特点？

3. 为什么要淘汰不合格的种猪？怎样淘汰？

4. 怎样接生？

5. 特种野猪的繁殖要求是什么？

第七章 特种野猪的疾病防治

一、特种野猪疾病防疫概述

野猪生活在山林中，这个环境具有空气质量高、环境卫生好、病原菌指数低微的特点，加上广阔的活动场地，觅食需要长途奔跑，体质健壮，免疫力很强，因而抗逆性强，适应性广。但也有对家猪病易感的特点，所以，野猪不生病的观念是不科学的。不管是纯种野猪还是杂交野猪，都需要预防疾病的发生和传染病流行。而控制疾病最有效、最经济、最稳妥的方法是预防。有机特种野猪常规兽药疫苗激素使用的条件是依据国家标准 GB/T 19630.1《有机产品》中允许实行国家法定的预防接种。

有机特种野猪疾病预防的基本原则：

①根据地区特点选择适应性强，抗性强的品种。

②根据猪的生物特性采取商品代放养、提供优质饲料及合适的运动场所，给有机猪安排有规则的运动和放牧，增强非特异性免疫力。

③确定合理的饲养密度，防止密度过大导致的健康问题。

以防为主，防重于治，以促使养殖动物获得对疾病的最大抗性为原则。促进自然免疫力和预防疾病传染的能力，应从以下几个方面的措施预防。

第一，场址：有机野猪养殖场的外部环境与建筑布局必须符合卫生防疫要求。场址选择的基本条件是远离居民区，屠宰场及化工厂，养殖场和垃圾处理厂，远离铁路和公路，防止外源污染。

第二，猪场建筑布局：既便于隔离封锁，又不引起人畜共患疾病的交叉感染；既要交通便利，又不靠近主干道；外围植绿化带，净化空气，降低尘埃含量，减少病原菌漂移；猪场内部工作人员的生活区与生产区设隔离屏障，防止非生产工作人员出入。猪场进口设消毒池，车辆、人员一律消毒，办公人员及外来车辆、人员可在办公区活动，但不得进入生产区。

二、传染病的流行规律和预防

1. 传播途径

传染病是由病原微生物引起，通常把传染病分为病毒类、细菌类、寄生虫类。这3个分类既可在不同地区流行，也可同时在同一地区流行。如治疗不及时，就会大批死亡，造成巨大损失。

传染病的传播应具备3个条件：传染源、传播途径、易感动物。如3个条件都具备，传染病才能流行，而缺少其中一个条件，传染病就流行不起来，甚至不能发病。传染源是病原体发生地，如被感染的病猪、病死猪尸体及排泄物、分泌物，如粪便、唾液、鼻液及鼻分泌物、黏膜分泌物、垫草等。病愈猪成为病毒携带者，也构成了传染源，经过人或动物的接触传播，污染的圈舍、饲料、饮水、地面粉尘、空气、用具、运输为媒介传播给健康猪，并经消化道、呼吸道、黏膜、皮肤创伤等途径传入体内，导致健康猪发病，并迅速流行。如无有力措施控制而切断传染源，传染病就会周而复始，流行不断。

2. 传染病的控制

①严格按防疫程序防疫，增强肌体免疫力，主动抵抗病原体的传染。

② 确实按饲养标准供给野猪营养全面的配合饲料，保持健康的身体。

③ 保持猪舍的清洁，空气流通，防寒保暖，防暑降温，卫生消毒的良好环境。

④消灭蚊、蝇、老鼠，是猪场防疫的常规工作。防止其他动物进入生产区，严禁参观，生产区工作人员进出消毒，切断媒介传播。

⑤粪便无害化处理，达标排放，如建沼气池，粪便集中发酵，消毒灭菌。

⑥野猪场要定期消毒，发现病猪要及时隔离治疗或处理，查明病因，做出预防措施。做到早发现、早预防、早治疗。

⑦实行自繁自养模式，防止引入外来病原体。

⑧实行"全进全出"制，商品猪达到出栏标准时要及时、

全部售出或宰杀入库。

⑨养殖场新建时要设计生产区，内设种猪区、育肥区、仔猪区，隔离区，以利防疫。

3. 坚持自繁自养的原则

自繁自养是确保猪场完善的繁育有机体系，可使猪场不外购种猪，减少疫病传染源。实践证明，凡自繁自养的猪场，都很少发生传染病，必须在引进种猪时，从非疫区引进并经当地兽医部门检疫鉴定证明书及免疫证书。进场后隔离观察 1～2 个月，做好补苗及驱虫工作，确认健康并经消毒入舍混养。

4. 建立兽医卫生组织和防疫制度

有机养殖中所允许使用的消毒剂有：

软皂、水和蒸气、生石灰、次氯酸钠、氢氧化钠、氢氧化钾、过氧化氢、天然植物香精，柠檬酸、过乙酸、蚁酸、乳酸、草酸、乙酸、酒精。

建立由分管兽医的场长、兽医和技术人员组成的防疫组织，贯彻落实兽医防疫条例，健全兽医诊断室，配备诊疗设备；建立防疫档案、诊断记录、处方签、病历表、检疫证明、繁殖配种记录等档案资料。兽医工作人员每日巡视猪舍，发现病情诊治情况，如实记录。兽医人员严禁场外出诊。

每年按时体检，检查人畜共患病（结核、布氏杆菌、巴氏杆菌、大肠杆菌、乙型脑炎、口蹄疫），及时隔离，调离生产区。

健全消毒制度，进场一律换工作服和鞋，严禁其他物品带入生产区，严禁参观等形成一整套防疫制度。

5. 加强饲养管理，增强猪只抗病能力

猪群是否发病，与个体的天然抗病力有密切关系，体质健壮的个体，对疾病抗病能力就较强，当健康状况不佳时，抗病力就减弱，健康状况不佳的原因是饲养管理不到位。因此，加强饲养管理，注意环境卫生，增强猪的体质是积极预防猪病发生的重要手段。按标准饲喂各类猪只，不仅能防止发生营养病，而且能长得健壮，增强抗病力。重视饲料和饮水卫生，防止饲料霉变。监督饲料厂防疫卫生指标，饲喂制度不要随意变动，更不要饱一顿饿一顿，早一顿晚一顿，更变饲料要逐步，严禁突然变化。猪舍要保持清洁、干燥、卫生，舍外环境卫生，做到猪栏净、猪体净、食槽净、用具净。要做好灭蚊蝇和鼠害，舍内冬暖夏凉。

当猪场有发生某种疾病的危险而不能使用其他方法控制时，允许紧急接种疫苗预防（含母源抗体、血清），但不能是转基因疫苗。同时，禁止使用抗生素或化学合成的兽药预防性治疗。当采用多种预防措施无法控制疾病和伤痛时，允许在兽医指导下使用常规兽药，但必须经过该药物的停药期2倍的时间之后，产品才能作为有机产品销售。

禁止为了刺激生长而使用抗生素、化学合成的抗寄生虫药或其他生长促进剂或激素。

禁止使用激素控制生殖行为（如诱导发情、同期发情、超数排卵等），可对个别病猪进行疾病治疗。

除法定的疫苗接种外，饲养周期不足一年的只允许接受一个疗程的对抗性兽药治疗，否则该猪不得作为有机猪或有机产品销售。

必须对疾病诊断结果、所用药物名称、剂量、给药方法、停药期进行记录，对接受过常规治疗的猪，应逐个标记。

6. 严格执行消毒制度

坚持常年经常性消毒工作，如在场门口、生产区门口、圈舍门口、设立有效消毒池。每年春秋对所有圈舍进行一次彻底清洗消毒，以后每月消毒一次；母猪分娩舍在临产前彻底消毒；出栏和转群后，圈舍彻底清洗消毒，7 天后才可进猪；仔猪哺乳舍和育成舍因温度高，湿度大，有害气体较浓，要注意抑制病菌的滋生与有害气体的排放；猪体要用温水洗刷，种猪配种前清洗消毒阴部，母猪分娩前要洗刷体躯，分娩过程中要清洗消毒奶头，防止病从口入。

一旦发生疫情，在诊断、隔离、封锁的基础上应及时做好临时消毒，一般采用空栏消毒。

猪栏消毒常用方法有：高压水枪或自来水冲洗消毒；用高锰酸钾加福尔马林熏蒸消毒；用 2%～3% 火碱或其他药物如过氧乙酸等消毒。消毒后间隔 3～7 天用清水冲洗 1 次，以免残药毒害猪群。也可使用火焰喷射器消毒。

7. 建立猪场的驱虫方案

每年春秋两季应对全群猪各驱虫 1 次，断奶后到 6 个月应进行 1～3 次驱虫，怀孕母猪应在产前 3 个月驱虫，驱虫前要做粪便虫卵检查，驱除蛔虫、后圆线虫等，用左旋咪唑、四咪唑等；驱杀疥螨和猪虱可选用伊维菌素、双甲咪等。

三、特种野猪的猪病防治

为贯彻落实预防为主的方针，现推荐特种野猪的免疫与药物预防程序如下。

①种公、母猪：每年在春、秋两季注射猪三联苗（猪瘟、猪丹毒、猪肺疫），每头 3~4 头份。

②种公、母猪：每年 10 月下旬注射猪口蹄疫苗（体重 10~25 千克/毫升）。

③种公、母猪每年要驱虫 3~4 次，可选用左旋咪唑（体重 5 千克/片）、丙硫咪唑（体重 5 千克/片）、百虫清（体重 10 千克/片）。

④在怀孕母猪分娩前 45~50 天、10~20 天注射猪传染性胃肠炎、流行性腹泻二联苗，注射于"后海山穴"，1 头/份。

⑤在怀孕母猪分娩前 45~30 天、15~10 天注射仔猪红痢 A 型菌苗，每头 2 毫升。

⑥在怀孕母猪分娩前 40 天、21 天分别注射 K88 或 K99 各一支，预防仔猪黄白痢。

⑦在怀孕母猪产前 7~10 天，饲料中加大蒜素，每天 2 次，预防仔猪黄白痢。

⑧当仔猪出生后尚未吃初奶前，注射 2~3 头/份兔化弱毒猪瘟疫苗，100 分钟后哺乳，超前免疫。

⑨在母猪产前 6 天，在饲料中加亚硒酸钠 + VE（或注射水剂），预防仔猪白肌病。

⑩当母猪产仔后，在饲料中加"一窝灵"或"黄痢宁"或土霉素，预防仔猪腹泻。

⑪当乳猪 7 日龄时注射气喘病疫苗。

⑫当乳猪 15～16 日龄时，注射仔猪水肿病疫苗。

⑬当仔猪能采食时，青饲料中添加马齿苋、穿心莲，防腹泻。

⑭当仔猪 24～28 日龄时，注射"三联苗"或"五联苗"3～4 头份/只。

⑮当仔猪 30～35 日龄时，肌注副伤寒疫苗。

以上程序，可根据当地疫情作相应调整。

药物预防和治疗：仔猪黄、白痢细菌性疾病可用黄连素中成药防治，亦可用微生态制剂预防。某些寄生虫病可定期驱虫或药物治疗控制。营养代谢病（铁、硒、钙、磷缺乏症），可人工添加、补饲或注射的方法防治。

四、野猪常见疾病的防治

杂交选育的特种野猪既保留了纯种野猪的适应性广、食性杂、耐粗饲和肉质具有"三高一低"（高蛋白质、高氨基酸、高亚油酸、低脂肪）的营养优势，又具有家猪性情温顺、繁殖力高、生长快、易饲养管理等特点，杂交后还表现生命力旺盛、体质健壮、抗病力强、极少生病的特征，但猪是易感动物，集约经营的批量饲养要谨防传染病。尽管特种野猪的基因有其自身的抗病优势，又有防疫程序的保护，以及猪场严格的消毒制度管理，疾病也难免发生。因此，防疫治病是特种野猪饲养场常抓不懈的一项不可忽视的工程。预防为主的方针仍适合特种野猪的养殖。在饲养特种野猪的实践中，除常规药物治疗外，我们结合了沿长江南北一带的农村适用的验方，把常见的几种传染病列表，把发病原因、治疗方法、预防办法，以表格的形式献给读者，详细实用，操作简单易行，效果独到（表7－1）。

表 7 － 1　特种野猪疾病防治表

疾病类别	临床症状	治疗方法	预防措施	免疫方法
病毒病菌类	**猪瘟** 1. 体温：41～42℃ 2. 眼结膜发炎，有分泌物 3. 口腔黏膜发炎，假膜呈灰白色或黄色附着物 4. 初期大便干硬如栗状，后出现腹泻或粪中带血，公猪小便频 5. 腹部、两耳、四脚内侧有点状或弥漫性出血斑点，指压不褪色 6. 喜喝脏水、畏寒、拱背、行动迟缓或摇摆不稳 7. 解剖可见直肠有纽扣状溃疡	1. 用猪瘟灵或参灵清瘟败毒散配合长效磺胺肌注 2. 抗猪瘟血清，每次 5 毫升肌注 3～5 天 3. 大剂量猪瘟兔化弱毒疫苗注射 4. 亚卫天奇一号，按标签说明用药	1. 超前肌注。2头/份猪瘟疫苗。100 分钟后喂奶 2. 饮用中药瘟可康 3. 肌注根瘟灵 4. 雄黄、朱砂各 2 克，明矾 3 克，加大蒜捣烂取汁灌服 5. 每年春秋两季肌注三联苗，仔猪20～30 天日龄肌注三联苗	根据当地疫情制定免疫程序

（续表）

疾病类别	临床症状	治疗方法	预防措施	免疫方法
病毒病菌类	**猪丹毒（杆菌）** 1. 体温 40～41℃ 2. 皮表出现疹块，颈部、肩胛部、臀部等处出现菱形、圆形或不规则四角形疹块，2～3 日后疹块颜色从浅红转成红色再发展暗红色，最后变成紫色 3. 体温升高，食欲消失，便秘、口渴，结膜炎，有时出现麻痹、呕吐等病状	1. 青霉素每千克 4 万单位肌肉深部注射，并用消炎王、特效米先配合治疗 2. 金霉素、土霉素、四环素	在疫区可用土霉素预防	按防疫程序注射疫苗预防发病
	伪狂犬病 1. 仔猪体温升高，中猪轻烧（水肿病体温不升高） 2. 体温升高，呼吸困难，流涎、呕吐、腹泻、食欲不振、精神沉郁，肌肉、眼球震颤，全身发抖，步态异常，运动失调。四脚痉挛及抽搐，头触地或抵墙。癫痫发作或昏睡，神经症状出现后一两天内死亡；若 6 天后出现神经症状，则有恢复的希望，但会留下后遗症 3. 中猪轻烧、呕吐、咳嗽、精神沉郁	1. 紧急接种伪狂犬病弱毒苗，控制本病 2. 或用 PRV 基因缺失疫苗 3. 中药（单位：克）：黄芩 30、黄柏皮 30、野菊花 15、黄连 15、双花 10、黄药子 20、板兰根 30、白扁豆 30、枣仁 10，煎汤早晚各一次灌服，加用 3 天	1. 全圈舍消毒，包括工具、设备，圈内如有垫草，集中烧掉 2. 进入场内的人员要消毒，场内禁养犬、猫科运动并防鼠害	疫区注射疫苗预防

（续表）

疾病类别	临床症状	治疗方法	预防措施	免疫方法
病毒病菌类	**温和型猪瘟** 1. 体重：12～20千克 2. 体温：40.5～41.5℃ 3. 喜钻草和蹲暗处，不饮水，粪便成结，湿润状，不带红色、黄色，有时拉鸡屎样酱状便，没有黏膜和恶臭感，高烧潴留	1. 参照猪瘟病 2. 对全群注射猪瘟冻干活疫苗25～30头份，配合注射病毒灵、猪瘟灵	1. 全场彻底消毒一次 2. 严格消毒制度	严格防疫程序的执行
	猪红皮病（又名非洲猪瘟） 1. 体温40.5℃ 2. 多发生育成猪，突然暴发，体温升至40.5℃，精神沉郁，食欲废绝，心跳加速，呼吸加快，头贴地面平卧，眼半闭或全闭，全身软弱无力，粪便无异常。开始耳、背出现红色，然后全身血红色，有呕吐现象，进而体温下降，严重昏迷，死前尖叫或无声蹬腿死亡。尸检血呈绀紫色，量少，心脏、肾脏、肝脏出血并肿大1～2倍，肾脏变硬，脾脏紫黑色，有的大肠上有铜钱大小的充血点，猪肉血红色	1. 对全群用青霉素300万单位混合安乃近10毫升肌注后，再肌注氧氟沙星10毫升，每天2次，直到痊愈 2. 对全群消毒，清理猪圈垫草等杂物，圈舍外用石灰粉遍撒或水剂喷洒 3. 用药：青霉素、氧氟沙星、病毒灵	全场消毒	严格执行消毒制度与防疫程序

有机养殖环境消毒常用药品与使用剂量，可参考表 7 - 2。

表 7 - 2　消毒使用的药品及剂量一览表

药品名称	作用	环境、厩舍、车辆（剂量）
氢氧化钠（烧碱）	猪舍、场地、车辆	
生石灰	杀灭病毒、病菌、寄生虫、1% ~ 3%氧化钙 猪舍场地车辆	10% ~ 20%
漂白粉：（有效氯25%）	猪舍、场地、粪池、车辆	2% ~ 5%
过氧乙酸：	猪舍、场地、用具	0.2% ~ 0.5%
来苏水：（煤酚皂50%）	同上	5%
二氧化氯	猪舍、用具、排泄物	3% ~ 5%

常规防治如下：

（1）猪瘟

防治猪瘟病，特别是控制仔猪亚临床型猪瘟（慢性猪瘟）的发生，应引起高度重视。猪瘟是由黄病毒引起的一种急性、热性、高传染性疾病，具有高发病率和死亡率。潜伏期4 ~ 21天，对急性猪瘟，多数养殖户均能引起重视，但对亚临床型即慢性猪瘟，少数养殖户仍未引起足够的重视，请参考本章表7 - 1和防疫程序，认真实施不同日龄免疫猪瘟弱毒疫苗注射，使所有猪获得对猪瘟的特异性免疫力。

（2）李氏分枝杆菌病

李氏分枝杆菌病是一种急性败血症。发病前期即可见耳边、后肢两内侧呈紫色，一旦发作体温就已下降。该病发生初期，可见仔猪后腿不能站立或并合站立，时而打晃、倾倒，有的还用嘴啃地，乱窜乱跑，共济失调，临死 12 小时前内肌肉显著颤抖，临死前吐白沫，四肢乱划，触之敏感，叫声嘶哑，仔猪死亡率高。

防治措施：

①保持圈舍通风、干燥，勤换垫草，注重灭鼠，消灭鼠源，在饲料中加土霉素预防。

②对病猪隔离治疗。可肌注青霉素，间隔两小时注射 2 毫升，每天 3 次，连续 3 天。

③对全场猪进行预防注射青霉素与高效畜宝康，连用 3 天，以防感染。

（3）副伤寒病

猪副伤寒是由沙门氏杆菌引起的仔猪消化道传染病，特征为肠道发生坏死性肠炎，严重下痢，脱水及突然死亡。属革兰氏阴性细菌引起，潜伏期 3 ~ 30 天

该病多见于断奶前或刚断奶不久的 2 ~ 4 个月龄的仔猪，大猪较少发病，遇有寒冷多变气候或阴雨连绵季节多发。体温升高至 41 ~ 42℃，食欲缺乏，精神沉郁，鼻端干燥，病初便秘，以后下痢，粪便淡黄色，恶臭，反复并有时带血，颈下，胸下，腹部，端等处皮肤呈紫红色弓背尖叫，耳、腹及四肢皮肤呈深红色，后期呈青紫色，呼吸困难，叫声清脆不嘶哑，一般经 2 ~ 4 天死亡。多发生在饲养管理不良，卫生条件较差的猪场。

防治措施：

①仔猪 25～30 日龄可单独用仔猪副伤寒疫苗接种，也可用多联苗接种。

②每吨饲料中添加金霉素 100 克或氟哌酸、洁霉素适量。

③肌注蒽诺沙星，每千克体重 2.5 毫升，每日两次，连续 3 天。也可用周缓释剂，以防应激。

（4）仔猪黄、白痢

仔猪黄、白痢又叫早发性和迟发性大肠杆菌，黄痢一般爆发于 1～3 日龄乳猪。白痢多发于 2～3 周龄仔猪，是初生仔猪的一种急性致死性传染病，以拉黄色稀粪或灰白色糨糊状稀粪为临床特征，发病率高达 75%，病因为母猪带菌或生后感染，危害排名第三位，给一些中小型猪场造成的经济损失巨大。

实践中对该病治疗与防治，最有效的有以下处方：

① 庆大复合剂加减治疗黄、白痢效果好，治愈率 90% 以上，尤其对一周龄的仔猪效果最佳。

a. 配方：庆大霉素针剂 25 毫升，5% 葡萄糖生理盐水 500 毫升，维生素 C 针剂 50 毫升，阿托品针剂 20 毫升，组成基础配方。

b. 加减法：如患病仔猪伴有胃肠臌气、呕吐，基础配方中加黄连素针剂 50 毫升；如患病仔猪食欲废绝，加维生素 B_1 针剂 30 毫升；如瘦弱、衰竭，加肌苷、辅酶 A。

c. 给药方法：口服，每次每头 10 毫升，每两小时一次，连用两天；肌注每头 5 毫升，每日 2 次。用药同时，加强保温与消毒，改善母猪饲养管理，一般 2 天即可治愈。

d. 发现一头病猪，应对全窝进行预防性治疗，若待发病后治疗效果不佳。

②肌注复方庆大霉素、氧氟沙星：病情严重的仔猪口服拜因舒、补盐液、维生素 C、强力霉素等水溶性粉剂或饮白糖水，防止因脱水而死亡；给母猪口服痢菌净、氟哌酸，使仔猪通过母乳增强抗病力。

③综合防治：母猪产前 15～30 天，肌注 k88、k99、987LTB 多价基因工程苗；仔猪吃初奶前口腔滴喂 2 毫升庆大霉素针剂或氟哌酸；减少应激，做好卫生、消毒、干燥、保温等工作。

④治黄痢：取氟哌酸、小诺霉素、链霉素按说明用量混合，用冷开水调成糊状，口服 3～5 天即可治愈。

⑤治白痢：氟哌酸 1 份、鞣酸蛋白 2 份、药用木炭粉 3 份、酵母 2 份混匀调成糊状，口服每天 2～3 克，两次喂服，连用 3 天；肌注痢霸，一次即愈。

⑥中西医结合防治黄、白痢：

a. 全群仔猪肌注 2% 蒽诺沙星，每千克体重 5 毫升，每日 1 次，连用两天。

b. 全群仔猪肌注亚硒酸钠，维生素 E 注射液，每头 5 毫升，每日 1 次，连用 3 天。

c. 口服中药煎剂：白头翁 30 克、厚朴 30 克、郁李仁 30 克、银花 10 克、大青叶 20 克、枳实 40 克、大黄 20 克、麻仁 30

克，加水煎煮 15 分钟；第一遍煎完后，应煎出药液约 100 毫升，将药液倒出，然后再煎，两次共煎 200 毫升；每头仔猪灌服 10～15 毫升，每天 1 次，连用 3 天。肌注或口服黄连素，穿心莲。

d. 出生后一周内拉淡黄色粪便的仔猪，多由母乳蛋白过高或奶质过稠、消化不良引起，或饲料太差、母乳营养物质缺乏，使仔猪无抗病力引起。可用硫酸铜、百草霜（锅底灰），各 5 克加温开水稀释，日服 2 次，每次一汤匙。如在 2～3 周内发生，有两种病因，一是感冒引起，拉灰白色粪便，可采用白胡椒、大蒜各 5 克，百草霜 10 克混合，每日 2 次，每次每头 10 克；地榆 25 克、厚朴 40 克、肉桂 15 克共研成粉末，拌入稀粥中饲喂，一日一剂，一剂 10 头。二是细菌感染，拉灰绿色粪便（要与饲料品种因素区分），用金银花 100 克、大蒜100 克、白头翁 50 克、龙胆草 25 克、百草霜 25 克共研末，日服 2 次，每头每次服 10 克。也可用干芭蕉叶烧灰，每次每头服 5 克，每日 2 次，连服 2 天。

e. 胼铋酶合剂内服，磺胺脒、次硝酸铋、含糖胃蛋白酶等量混合，0.3～1 克/次，2～3 次/日，连服 2～3 天。

（5）仔猪白肌病

白肌病是骨骼肌和心肌等变性，肌肉呈现煮肉样或鱼肉样，以外观及肝脏变性坏死为主要特征的一种代谢性疾病。

本病主要侵害新生仔猪，以 2～10 日龄仔猪多发、窝发，严重时会导致全窝覆没。有的发病前常见腹泻，继而便秘，发病后体温正常（39～39.2℃），运动障碍，后肢无力而不能站立，勉强行走往往两后肢拖曳，身躯常倒向一侧，颤抖、喜卧，常钻入草内。有的病猪蹄部、后肢关节、眼睑水肿（易误诊为仔猪伪狂犬病），死后身躯松软不僵，对心脏放血可见血液久不凝固。

防治方法：

本病的诱发原因，主要是营养失调，某些微量元素缺乏。可从以下方面进行防治：

①加强怀孕母猪的饲养管理。防止怀孕母猪饲料的营养失调，增加青绿饲料，以保证充足的维生素供给。

②产前预防。在母猪产前 20 天、10 天分别注射亚硒酸钠维生素 E 2 毫升。

③饲料中添加亚硒酸钠维生素 E（每吨饲料加 500 克）。不可多加，严格掌握剂量。

④切忌注射铁剂。怀疑仔猪缺硒而感染白肌病，切不可用铁制剂（含铁添加剂或注射液），否则，将诱发本病的大暴发，给治疗带来更大的难度和造成更大的损失。

（6）野猪口蹄疫病

口蹄疫病是猪等偶蹄动物的一种急性传染病，多发生秋末冬春，其病毒常以每小时 10 千米以上的速度传播，应引起足够的重视。

临床症状：病猪食欲、精神不振，体温 40 ~ 41℃，口腔黏膜（舌、唇、齿龈、咽、腭）、蹄冠、趾间、蹄踵出现发红、微热、敏感，鼻盘、乳房、皮肤出现黄豆、蚕豆大小的水疱和溃烂等症状，水疱破裂后形成出血性烂斑，若有细菌感染，则局部化脓坏死，可引起蹄壳脱落。患肢不能着地，常卧地不起。吃奶仔猪患口蹄疫时，通常很少见到水疱与烂斑，呈急性胃肠炎和心肌炎突然死亡，解剖可见心肌变性，似水煮过，其切面为灰白色与淡黄色条纹相间，大腿肌肉坏死。

①预防措施：

a. 秋末冬春季节要加强对猪舍的保温措施，并定期严格消毒。常用消毒液为高锰酸钾掺醋混合喷洒，也可用火碱、杨树叶煎成水汁喷洒。据报道，口蹄疫病毒最怕酸性物质，故使用过氧乙酸及醋进行圈舍消毒效果很好。

b. 平时注意加强检疫，发现疫情立即隔离处理。如本地区有该病流行时，除全场采取隔离及消毒外，还要加强营养，提高整体体质水平，增强防病抗病能力。

c. 加强疫情信息联系，及时获得，提前防范。但所使用的口蹄疫病疫苗必须与当地流行病毒型相一致，否则就不能预防和控制口蹄疫流行。口蹄疫苗要注射两次，间隔期为3个月。使用疫苗时，先按剂量注射一头，观察有无异常反应，如无反应，再对全群注射防疫。预防注射要一猪一针头，注射器排空气时，要把少许排出的疫苗排到瓶盖里或脱脂棉球中，而不能排在空气中；疫苗瓶及所用工具不要随意乱扔，集中销毁焚烧。对针管、针头要用"百毒杀"浸泡两小时并高温煮沸后，再用清水漂洗备用。

②治疗方法：

a. 发现口蹄疫症状后，立即清除圈舍内垫草，严格消毒，换上厚厚的切短了的垫草或清洁不带病菌的新鲜土。

b. 发现仔猪患口蹄疫，初期可用高免血清治疗，剂量为每千克体重2毫升，肌注或皮下注射。

c. 对病猪口腔用食醋或1%高锰酸钾冲洗，糜烂面上可涂以1%~2%的碘酊甘油合剂，蹄部可用3%来苏水冲洗，擦干后涂鱼石脂软膏。

对病猪用免疫增强剂"口蹄健"进行治疗，隔日注射一次，每5千克体重1毫升，连续3~5次即愈。该药怀孕母猪也可注射，不过要同时肌注黄体酮。本病也可用毒特2 000和口康注射液分别肌注治疗，3天为一疗程，两个疗程可治愈。

（7）野猪猪肺疫病

特种野猪或杂交野猪锁喉疯病，又称猪肺疫、肿脖子瘟、猪巴氏分枝杆菌病，常呈散发性发生。该病症状较为明显的可见体温升高至41℃，畏寒，不食，不愿走动，耳根、颈部、腹部等皮肤出现紫红斑，呼吸困难，张口呼吸，叫声嘶哑，口鼻处流出白色泡沫液体，有时混有血液。病程短促的1~2天，病程较长的5~7天即死亡。不死的后期转为慢性，表现为慢性肺炎和慢性胃肠类症状，持续咳嗽，呼吸困难，体温时高时低，精神不振，食欲减退，逐渐消瘦，并发关节肿胀，皮肤发生湿疹。最后发生腹泻，病程多在2周以上，衰竭死亡。

①预防措施：

a. 消除诱发本病的应激因素，搞好圈舍和场地卫生，定期消毒，增加圈舍空气对流量，增强免疫力。

b. 春秋两季用猪肺疫猪丹毒二联苗对猪进行皮下注射，每头 3~4 头份，接种前 3 天和后 7 天内不得使用抗生素，否则引起疫苗失效。

c. 春秋两季定期预防，注射猪肺疫氢氧化铝甲醛菌苗，大小猪均可皮下注射 5 毫升，注射后 14 天产生免疫力；怀孕母猪、哺乳母猪暂不防疫。

d. 将猪肺疫弱毒冻干菌苗用水稀释后，可混入饲料中或饮水中饲喂，不要剩余，以免污染传播。

②治疗方法：

a. 根据野猪的发病症状、体温、细菌学检查确诊以后，首先要对病猪施以隔离，用青霉素肌注。

b. 肌注后，在饲料中加土霉素盐酸盐。每千克体重 0.2 ~ 0.4 克混入饲料或饮水中，直到痊愈。

c. 对呼吸困难的病猪，不得强行捕捉注射，否则，会引起窒息而死亡；对颈部已肿胀的也不得进行颈部注射，应在病猪臀部快速注射。

d. 中药防治：知母 25 克、枇杷叶 20 克、金银花 20 克、麻黄 15 克、桔梗 30 克、苦杏仁 25 克、桑百皮 25 克、葶苈子 25 克、鱼腥草 25 克、陈皮 25 克、生石膏 30 克、紫苑 25 克、甘草 15 克。粉碎混合均匀加入饲料中，根据猪的大小每天每头 45 ~ 60 克，连用 3 ~ 5 天。具有清肺化痰，止咳平喘的功能。

（8）猪疥螨病防治

螨病又称疥癣或癞，是一种接触性寄生虫传染病，由螨类寄生虫在猪皮肤上引起的体外寄生虫病，发病原因是光照不足，空气相对湿度大，营养不良，舍内卫生条件差，猪体皮肤表面保持较高的温度和适宜的湿度，这对螨类的生长发育、滋生繁衍极为有利。幼猪多发，从眼周、颊部和耳根开始，蔓延到背部、体侧、股内侧，病猪表现患部皮肤瘙痒、发炎、脱毛、变厚多皱。该病具有极强的接触传染性，现介绍几种治疗方法：

敌百虫药片 15 ~ 30 片，食醋 250 毫升，溶解后备用。先把被毛和厚痂除去，每天用 0.01% 高锰酸钾或温开水冲洗后涂药 2 ~ 3 次，连用 3 ~ 4 天。

①食醋 500 毫升加旱烟丝 50 克煮沸冷却备用，每日涂药 2 ~ 3 次，3 ~ 4 天为一疗程。

②对剧痒者，先去痂再用水杨酸、酒精合剂（水杨酸 0.5 克、甘油 25 毫升、石炭酸 2 毫升、70% 酒精加至 100 毫升）洗刷，然后再皮下注射 1% 低氟菌素或涂擦 2% 除虫菊，效果很好，每天 2 ~ 3 次，连用 3 ~ 5 天。

③硫黄 450 克、百部 150 克、生石灰 50 克、食盐 15 克、棉籽油 800 毫升，混匀备用，每天 2 ~ 3 次，连用 3 ~ 5 天。

④螨净柴油合剂：每天 2 ~ 3 次，连用 3 ~ 5 天（加热 40 度趁热刷患部，涂抹面积大于患部 1/3）。

⑤机器润滑油加敌百虫片混合剂涂抹患部，每250克机油加25片敌百虫片粉，充分搅拌后使用，每隔一天涂1次，连涂3次即可治愈。

⑥引种外部种猪时应隔离观察，防止引进病猪。发病猪隔离治疗。

（9）猪喘气病防治方法

喘气病又称霉形体肺炎，是慢性接触性传染病，任何年龄的猪都易感。一般以1～2月龄和断乳仔猪多发，以咳嗽为主要症状的传染病，病原体为支原体，传播途径是病猪咳嗽的飞沫传播。本病死亡率不高，但传播快，流行性强，严重影响猪的生长发育，对种猪群的危害更加严重。感染本病后易并发其他疾病，给诊断及治疗带来困难。本病一年四季均可发生，气候影响较大，以寒冷气候多变的季节多发，饲养管理不良可促使本病发生或加剧。

潜伏3～5天，一般11～16天，甚至更长。常突然发作，呼吸加快，腹式呼吸，并有喘鸣声，一般咳嗽次数少而低沉，体温少数略升（40℃以上），食欲减退，日渐消瘦，常窒息死亡，病程一周左右。老疫区多为慢性病，长期干咳或湿咳，严重时发生痉挛性咳嗽，甚至引起呕吐。时轻时重，随饲养条件和天气条件而变化。常流黏液性或脓性鼻汁。慢性型只在清晨或运动后偶尔发生咳嗽。

防治：

①卡那霉素每千克体重4万～5万单位注射，并与土霉素

水剂交替使用，效果很好。

②目前美国养猪业在气喘病治疗中采用维生素 B_6 饲喂法，控制了气喘病的流行。用量：大猪每日 50～70 毫克，小猪每日 20～30 毫克，加入饲料中饲喂，连喂 3～4 天。有条件的场、户可把药粉掺入饲料中制成颗粒饲料，效果更好。

③用无病猪新鲜胆汁 10 毫升，1 次深部肌肉注射，隔日 1 次，连用 3 次，即可治愈。

④枝原净注射或口服。

⑤不用喘气病母猪做种猪繁殖后代。

（10）治疗母猪不发情的方法

一些外观健康、膘情适中、已到发情月龄的后备种猪或经产的特种野母猪，由于杂交二代次以上，受基因限制，不发情的现象经常发生，可采用以下方法试治。

①用清水虾、麦芽、松针（松针粉）、胎盘、硫酸锌煮汤加入饲料中饲喂，或经消毒处理后粉碎掺入饲料加工成颗粒料饲喂。用量先按常规量加入，以后逐渐加多，时间以 1～2 周为宜。如无效，可放弃此种疗法。

②用胆碱治疗，在每千克饲料中加 1 200 毫克氯化胆碱、维生素 C 和维生素 E、胡萝卜素、甲基吡啶羧酸（200 毫克），促使发情。

③经产母猪断奶后较长时间不发情，可用食醋 500 毫升，面曲（面引头、发面头）粉碎与食醋搅拌均匀后喂饲，一般 3 天后可发情。

④对长期不发情或发情不正常的母猪，可采用公猪精液30～50毫升，用注射器吸取，用人工授精技术缓慢输入母猪阴道10～15厘米处，并不断转动和来回抽动，以刺激性功能的发挥。另用10毫升的精液涂抹在母猪鼻上端，同时，加强饲料营养和管理。3～5天后可发情。

⑤在断奶母猪日粮中补给400毫克维生素E，饲喂一周后肌注1毫升剂量的己烯雌酚5支，一般注射后3天左右可发情。

⑥患慢性卡他性子宫内膜炎、隐性子宫内膜炎、输卵管炎、持续黄体、后备母猪发育不良及久配不孕，用"促孕一剂灵"医治，每千克体重1～1.5克，用温水调成糊状灌服或加入饲料中。用药一次，18～20天无反应者可重复给药1次。

（11）猪弓形虫病

本病分布广，是人、畜共患的原虫病，在野生动物中广泛传播。本病与猪瘟十分相似，发病体温升高40.5～42℃，精神萎靡，减食不食；粪干而带黏液。断奶仔猪多拉稀，水样无恶臭。呼吸困难，呈腹式或坐式呼吸，有时咳嗽和呕吐，流水样或黏液性鼻漏，腹股沟淋巴肿大。末期耳翼、鼻端、四肢下部出现紫红色红斑，呼吸极度困难，后躯摇晃或卧地不起，体温急骤下降而死亡。耐过者母猪流产或死胎，遗留咳嗽、呼吸困难、后躯麻痹、运动失调、斜颈或癫痫等神经症状，耳末端出现干性坏死，视网膜炎而失明。

防治：磺胺嘧啶（SD）加三甲氧苄啶（TMP）70毫克/

千克体重，或用二甲氧苄啶（DVD）14 毫克/千克体重，连续
3~4天。

猪场开展灭鼠、禁猫活动，防止饲料污染；对猪舍及饲养
场用1%来苏水、或3%火碱水、或火稻喷灯进行消毒。

习题：

1. 在猪病防治问题上，为什么防重于治？

2. 特种野猪常见病有哪些种？怎样分类？

3. 目前，采用的有机特种野猪猪病防治有哪些方法？

第八章　特种野猪屠宰加工与环境保护

一、有机猪的屠宰加工

出栏屠宰期间应给有机猪提供以下条件。

①避免猪通过视觉、听觉和嗅觉接触到正在屠宰或已死亡的动物。

②保持现存的群体关系，避免混群。

③ 提供缓解应激的休息时间。

④确保运输方式和操作设备的质量和适合性。

⑤活体运输途中应避免饥渴，可在需要时喂食喂水。

⑥考虑并尽量满足猪个体的个别需要。

⑦提供合适的温度和相对湿度。

⑧做到装载和卸载时对猪的应激最小。

⑨屠宰须有资质的大、中型屠宰加工，用水标准、分割流水线、包装贮存都必须按国家卫生标准操作。

二、有机特种野猪的饲养场环境保护是必备的认证条件

养猪场除粪便外，每天都有大量的污水排出，这些污水不

但污染河流湖泊、江河近海，也污染了地下水源，所经之处成灾；粪便除如污水同样灾难外，更是污染环境，猪场周围臭气熏天，蚊蝇成堆，传播疾病。如不在建场时预防，根治有相当难度。可参考以下方法治理。

一是远离居民区、城镇、公路、铁路、化工厂、屠宰场建场。

二是粪便处理：粪便必须收集，统一发酵处理制作有机肥。发酵前以生物制剂除臭，杀灭表面细菌或密封处理。把猪粪变成有机肥后种植农作物、果树、蔬菜，供有机基地使用，达到良性循环。

1. 粪便的处理方法

堆积发酵制肥工艺在我国有几千年的历史，在《齐民要术》和《农书》等古代著作中都对粪便制肥进行了阐述，通过微生物发酵作用，消除对环境危害，有机质转变为稳定的腐殖质，改良土壤，增强肥效，可用来作有机种植的基地用肥及生产饲料粮。

（1）堆肥的方法

把粪肥喷除臭剂，晾至含水 60% 左右，加 EM 菌或酵母菌拌匀，堆成宽 3 米，高 1.5 米，长度按场地长度堆积，上加塑料薄膜防雨设备即可。在 18℃ 以上的环境温度中发酵 5～7 天，测量上中下三处的温度，达 50℃ 以上时，翻倒 1 次，继续发酵 7 天，散温以后即可种植作物使用。

（2）沼气处理

把粪尿及冲洗猪圈的水一同排进沼气池中，达到 4/5 容积时密封上盖发酵，待池面出现气泡时利用甲烷气体燃烧产生能量，发电及取暖，做饭，照明用。根据发酵天数，建造相配套的沼气池，达到保护环境，废物利用的目的；沼渣沼液可利用于种植中，肥田增效。

（3）生物有机肥的使用

①基肥：包括撒施，条施，穴施，环施等。

②追肥：条播，穴施，环施。

③施用量，见下表。

表　生物有机肥的施用量　（单位：千克/亩）

类别	蔬菜	果树	大田作物
猪粪	2 500～3 500	2 000～3 500	2 500～3 500
鸡粪	2 000～3 000	1 500～3 000	2 000～3 000
牛粪	2 500～4 000	2 000～4 000	2 500～3 500
沼渣	1 000～2 000	1 000～2 000	800～1 500
基肥配比	牛 3 + 猪 3 牛 3 + 鸡 2	牛 2 + 猪 3 牛 2 + 鸡 3	牛 3 + 猪 2 牛 3 + 鸡 2

（4）利用处理合格的猪粪，饲养蚯蚓或蝇蛆，可做动物饲料。

2. 废污水处理

养殖场其他废水，可集中排放到蓄水池中，加水质净化生物制剂发酵，经曝气过滤达标后排放。

①污水与部分粪渣流入沼气池，发酵后产生沼气，沼液可

浇灌农作物或蔬菜。

②修建污水处理厂，由贮存、固液分离、曝气、生化处理、过滤等工序达到排放标准，方可排放。

3. 蚊蝇处理

在养殖场内外缓冲带、猪舍前后种植薄荷或薰衣草，驱避蚊蝇，亦可美化环境。

4. 猪粪的营养

干猪粪（%）：粗蛋白16、粗脂肪8.2、粗纤维20.6、灰分11.7、无氮浸出物32.5、钙0.9、磷0.05。

第九章　特种野猪饲养场的经营管理

一、经营管理概述

经营就是治理。以科学管理为核心，以高新技术为支点，以市场为动力，以农业标准化为保证，实现养猪场效益最大化，是每一个经营者的追求。在国家政策许可范围内，应利用设备、资金、技术、资源、市场营销等条件，合理确定生产方向与经营目标，从而有效地组织产、供、销的各种活动。管理则是解决一个经济实体内部如何科学、合理地组织各项活动，对经营方向与目标的具体落实，解决有关计划、组织、协调、检查、监督、安全生产等方面的具体问题。要完成计划规定的各项任务，必须提高各环节员工素质，提高工作效率，高质量地完成各部门的任务，使经营计划顺利实施、完成。以往众多养猪场之所以有亏有盈，主要原因是经营管理水平的高低不等，其次是市场的波动。要想取得高产、高效、优质，不仅要提高养猪生产科学技术水平，还要提高经营管理水平。一个好的养猪生产者，必须又是一个好的经营管理者，这就是市场经济的特点和要求。同样是养野猪，行业中只要突出一个亮点，同等条件下无疑会增强竞争力和价格优势，而有机猪肉安全健康，又是持续发展的基础。

1. 经营的原则

（1）重视杂交代次的利用，决定饲养类型

杂种野猪应突出商品代的质量，根据市场容量、市场需求、繁殖能力、饲料成本等情况，决定饲养代次与数量，以提高经济效益。

（2）降低饲养成本

因饲料占养猪成本的 65% ~ 75%，采用科学的配方，既可发挥野猪耐粗饲的习性，又可提高饲料利用率和增重量。但必须制定科学的出栏时间和饲料配方。

（3）加强卫生防疫，有效控制疫情

每一次疫情，都会给猪场带来经济损失，甚至使其陷入困境。应加强防疫消毒措施，严格执行防疫程序，加强饲养管理，以预防为主的健康管理，不可心存侥幸，不可以野猪为理由怠慢免疫。

（4）提高管理技能

猪场经营者要不断学习经济管理知识，对猪种、饲料、防疫等环节加以监控；对人员、财务进行精细管理；对生产、销售、采购进行协调与平衡。一步一个脚印，扎扎实实地完成各阶段的工作，完成全年生产计划，实现经营目标。

（5）不贪大求多，从小规模起步

饲养特种野猪，由于种价较高，占用资金偏多，管理难度大，疾病控制较难。小规模饲养，一是不必大量筹款，边积累边发展，风险小，遇到不能克服的困难，转产容易，船小好调头；二是从小做起，积累经验，奠定大规模养殖的基础。

（6）多元经营

办猪场不可避免地遇到饲料、药品涨价，猪肉收购降价等风险。为了降低风险，采取多元经营是必要的。利用野猪耐粗饲广采多种青饲料，降低成本；如在土地面积的利用上，可采用立体种植模式，既可遮阴，又有收益。在有水塘、河流的地方建场，可利用水面搞水产养殖，利用猪粪沼气做饭，照明，发电，加温；沼渣培养水质，水产品又可用来养猪，相辅相成；淡季宰杀入库，待价格合理时销售。

（7）山地建场

用钢筋围栏，把空怀母猪放养山林，生猪价格低时放养母猪，以减少饲料成本，等待市场机遇。

（8）场址严禁选在破产的猪场上

破产的猪场有很多破产的原因，有因生猪市场价格低于成本价破产的，也有由于养殖场已存在多年，积累了大量病原菌，有的病原菌是不会消毒彻底的，一有发病机会，就会重新爆发，抢救、治疗不及时会招致惨重损失。为防止重蹈覆辙，新建猪场决不能建在老猪场场址上。

（9）其他要求

①特种野猪场不能建在公路、铁路边上，应距这些设施2 000米以上。

②远离屠宰厂。

③远离居民区。

④远离垃圾厂及化工厂排污沟，以免水源被污染。

2. 猪场的计划管理

计划管理是猪场经营管理的重要职能，计划的编制是针对市场需求、经营环境、物资条件、技术水平等进行充分调研后，按照自然规律和经济规律决策生产经营目标，并全面而有步骤地安排生产经营活动，充分合理地利用人力、物力和财力。根据计划管理的要求，猪场生产计划有长期计划、年度计划、阶段计划之分，这些计划相互补充，彼此联系，形成完整的链条体系。

（1）长期生产计划

长期生产计划应是前一个生产年度的总结和修改，或其他场的经验借鉴。因涉及时间长，影响因素多而复杂，只能大致指出经营方向和目标、发展规模及时间限制，资源配置及综合利用。长期生产计划有10年、5年、3年、2年不等，具有较强的目标性。如5年计划，要达到什么目标？怎样实施完成各阶段的生产任务？各职能部门如何协调合力，并配备好各职能部门的负责人，为圆满完成任务，规定权利、义务。长期生产计划还经常涉及企业文化的传播、品牌的建立等工作。

（2）年度生产计划

年度生产计划应在前一年的生产年度的总结经验、教训的基础上制定，并修订各项定额，如饲料、劳动力、设备利用、繁殖率及育肥增重等指标、数据。以销售计划为前提，以生产计划为核心，以技术、物资和资金为保证。内容包括总任务，生产后备种猪头数和育肥头数以及它们的标准，达到的利润总数等经济指标，并制定各职能部门的分项计划。

（3）阶段性生产计划

阶段性生产计划应是在年度生产任务执行中不同时期的具体安排，可按时间、季节、月份、阶段工作总结后的调整，合理高效地组织物资供应、阶段或季节性销售计划，在规定时间内保质保量地完成任务。

3. 特种野猪养殖场的资质

特种野猪养殖场的建立，必须遵守国家政策法令。野猪属国家二级重点保护动物，按国家政策，须向当地县级以上林业部门提出申请，经审批后取得许可证，才能人工饲养。

饲养场址的选择，首先要考虑环境保护，可参照本书第二章；其次是场址选择须经当地政府审批立项，才能符合法律程序。

二、引种

引种就是把外地或外国的优良品种引进当地，直接推广或作为育种的材料。引种应对产地与引种地作大致对比，对比的项目有地理位置、温度、湿度、光照、地势、饲料、饲养管理与免疫程序，以考察是否差异太大，是否易于风土驯化等适应方面的问题，否则，势必造成品种变异或疾病，达不到预期目的。

1. 特种野猪引种的时机

人工饲养特种野猪，一般从春季引种，以 10～20 千克的小仔猪开始，因小仔猪可塑性强，易于驯化管理。但特种野猪含 50% 以上的野猪基因，天性粗野，胆小生疑，警觉性高，性情刚烈。在和特种野猪的接触中，随着其身体和年龄的增长，要防止它的突然攻击，保证自身安全。

选择春天，首先是气候由冷变暖，适宜生物体的生存繁衍；其次，春天是一年的开始，可全面地制定规模计划；再次，春天万物复苏，各种作物自然生长起来，可以实施饲草、饲料的种植计划；最后，根据野猪冬至后发情的生物特性，春初产下的猪仔，春末夏初时仔猪足可断奶，体重可达 15 千克以上，气温回升稳定，正是生长发育的最佳时期和易于驯养的阶段。

2. 根据经营的目标制定引种计划

一个野猪饲养场，要有一个明确的目标，通过对市场的考察，制定适合自己发展的可行性计划。如以出售种苗为主的场，应引种纯种公猪以提纯复壮种群，使下一代仔猪占野猪血缘 62.5%～75%，引种要选择 50%～62.5% 血缘的特种野母猪；以出售商品代育肥猪为主，可引进 87.5%～75% 血缘的种公猪，母猪 50% 血缘，杂交后可做商品代。但血缘大小仅从外形分辨、靠经验判断是不可靠的，引种时要特别注意，以防假冒。62.5%～75% 野猪血缘的仔猪比纯种野猪生长快，各种优良性状表现突出，效益好。所以，引种要根据经营目的，不可盲目或冲动。

3. 引种注意事项

一是防止以假乱真，以次充好。目前，市场上有纯种和特种（杂交）之分，纯种为100%野猪血缘，特种则含野猪血缘不等，有12.5%、25%、50%、62.5%、75%、87.5%不等，各品种外貌有差异，价格也不等。初养者分辨起来很困难，有的场家、专业户，利用初养者识别不清，把特种当纯种卖，用家猪当特种野猪卖，使价格抬高一倍或数倍，一年后才能鉴别真伪，损失惨重。所以，引种一定要到有饲养许可证的大场引种，销售手续齐全，以免上当受骗。

为了避免上当，现把真假野猪的分辨方法提出供读者参考：纯度越高的野猪，样子越丑，野性越强，生长越慢，繁殖率越低，抗病、耐粗饲能力越强，越难驯化。其外貌特征见本书第一章。纯种与特种野猪的区别在于耳小，直立，呈心形紧贴颈部，被毛粗、硬、稀，毛尖黄白色，毛下部黑色或棕黄色、鼠灰色或花斑色；成年纯种个体小，偏瘦，腿细，蹄甲黑色，前腿上至颈部鬃毛最长约15厘米，愤怒时直立竖起；背稍向上拱，2龄以上公猪犬牙露出唇外，弯曲向上；纯种仔猪条纹头尾相连，体侧各3条，极富观赏性。

二是引种切不可贪图价格便宜而上当受骗，造成经营销售受阻，无法持续经营。

三是运输。野猪运输一要携带饲养许可证、购买发票、检疫证明以及个人身份证明，四证齐全。铁路运输还需运输方面的各种手续、费用办理证明。还要人跟猪，野猪运输必须焊制铁笼，装笼后固定笼门，防止野猪途中逃跑；火车托运人必须与猪在行里车厢内，以防发生意外。笼具装猪应根据猪的大小多少订制，密度太小浪费笼具，费用高昂，密度太大，途中撕咬，致其伤痕累累。再是运输途中 24 小时以内，为防脱水，可少量喂几个苹果、葡萄、甘蔗补充水分；72 小时以上必须喂水，可在笼内加水槽并固定于笼的角落，以塑料质地为佳，并饲喂苹果为食料。

四是汽车运输因噪声大、颠簸，加上空气过分流通或闭塞，单车长途运输须有两个驾驶员，中途除喂水、料，一般不停歇，昼夜兼程，尽量缩短运输途中时间。并于途中每 1～2 小时检查 1 次，设 1 人值班监视，以防意外。

五是到达目的地以后，立即卸下。但新引进的野猪必须隔离观察，隔离区应远离猪舍，放在下风的位置或单独位置，以防疾病传染，15～30 天观察结束。并由专人负责饲养管理，与其他猪舍工作人员隔离，严格消毒制度，饲养员严禁食用猪肉食品。如仔猪在 4 月龄以内，可暂养在一个圈舍内，引种超过 10 头，可按公母分开圈舍，10 千克的小仔猪按每头占面积1.5～2 平方米计算每舍头数，一次性分群，便于管理。野猪有群居习性，应尽量集中圈养，否则，就容易受惊，不吃不喝，人也不能进舍，造成很多麻烦。

六是喂料喂水。由于长途运输，应激反应很大，饥渴难耐，应先给混有抗生素的饮水，到场后两天内仍投喂原引进场的饲料，第三天换去1/3，一周后换2/3，再过一周换完。更换饲料时，要严密注意粪便、食欲、行为表现等情况。发现异常，立即停止换料。野猪由于习性所致，胆小怕人，应严禁参观。由于一路颠簸劳顿，应激较大，到场后要避免声响。对受惊未定、很少白天采食的，可在舍内食槽中放些水果、蔬菜、甘薯。刚引进舍内的野猪，大都在夜晚吃食料，饲养员可在暗处观察，记录各猪表现，掌握第一手资料，以利今后驯化。如果晚上拒不出卧室吃东西，应立即拖出注射葡萄糖及安神药物，以防脱水发生生命危险，但严禁粗暴对待。

七是三周以后，在没有发现疫情的情况下，饲料更换已完成，能与饲养员接触，与本舍猪群友好相处，即可转入常规圈舍。准备迁入的猪舍，要按常规消毒，并做好迁入前的准备工作，于傍晚迁入。

4. 引种误区

截至目前，野猪经过10多年的驯化饲养，技术已日趋成熟，具备了规模化养殖的基础，养殖千头、万头的猪场分布全国，南方一些场、户的产品开始进入肉类市场，有的还出口创汇。但由于"炒种"片面夸大宣传的干扰，难免令无辜的人误入歧途，甚至导致失败。所以要避免误入以下几个误区。

（1）掠夺性经营，利用炒种赚钱

一些没经过政府审批的无证经营者，不懂技术，夸大宣传，种猪血缘仅占25%～50%，质量很差，以卖种仔猪为主，赚取利润，一旦败露，就卷钱走人，无影无踪。这样的养殖场尽管价格便宜，但也决不能从此处引种。

（2）盲目上马

缺乏资金、场地、销路及技术，盲目上马，靠一腔热情和不实信息，不做考察，急于求成。养殖是一个投入漫长的产业，一旦资金、技术跟不上，势必造成危机，损失惨重。

（3）市场制约

饲养特种野猪的经济效益受市场制约，如按炒种者说，人人养野猪，到处是"野猪"肉，真假不分，良莠不齐，这时的养殖效益肯定要下滑。一哄而上，一哄而下，形成恶性循环，会造成巨大的经济损失。

（4）特种野猪纯度不是越高越好

实践证明，野猪血缘占62.5%～75%的杂交猪，具有生长快、繁殖率较高、胴体瘦肉率达68%～70%，既可作种猪也可作商品猪。而超过75%血缘的杂交野猪，繁殖能力下降，生长速度减慢，饲养管理难度大，作育肥商品猪是可取的；作种猪它的血缘指数又会下降，不稳定，时有返祖现象出现。

（5）只引纯种野公猪

利用家猪或杜洛克杂交，杂交一代作为种猪销售。这样的种猪很难发挥野猪的优良性状，与家猪差别不大，体表带有纵条纹的仔猪只能占全窝的50%左右，杂交优势性状不稳定。育肥的商品猪其肉质与家猪无异，商品价值不高。同时，利用地方优良家母猪杂交制种，有地方特色，但缺少高档市场的优势。

(6) 引进病猪

如因技术或其他原因引进了病猪，又没有严密有效的隔离措施，势必给猪场带来毁灭性的灾难；如果是传染病，会给猪场造成污染，虽然多次严密消毒，但传染病反复流行不断。

三、特种野猪养猪业的经济组织形式

改革开放 30 年来，农业得到了国家的全力扶持。如今，消费市场出现了新的局面，消费意识更趋于绿色、有机、健康、安全，对特种养殖业的质量、数量提出了更高的要求。为适应新形势，发展农村合作经济，共同抵御风险，提高养猪业竞争力，国家鼓励农民就地创业，这一创业形式是促进农业生产力发展的有效组织形式，也是目前市场经济的特点。经营主体和规模是市场的两个坚固的基石，各经营环节如规模运作、饲养管理技术、资金流动、信息传递、采购、销售、加工工艺、储存运输等实行自我合作、自我服务、自我管理、自我发展、多元化，加强合作经济体制的发展，稳定增加合作社各成员的经济收入，共同富裕奔小康，是当前发展的方向。如基地＋农户、专业协会、合作社等形式，克服农村长期小规模、分散、劳动力转移、饲养管理技术落后等不利发展的因素。

1. 合作社经济组织形式的运作管理

合作社要达到经济主体的主导作用，就必须代表各成员的利益，其运作应尽量减少中间环节，强化各职能部门的服务，谋求合作的最大利益和持续发展，切实做好以下各方面的统一。

（1）自愿加入

根据个人自愿，写出书面申请，由合作社研究批准。

（2）统一档案管理

凡社内成员，须登记注册，设个人档案，详细记录入社时间、身份、诚信度、购进基地猪只数量、卖出数量、用料多少、防疫情况、管理水平等量化数据，以便查核。

（3）统一供种

合作社针对各社员的条件、饲养管理水平，供给适当的品种、数量，保证品种纯正。

（4）统一供饲料

为保证猪肉品质达标，由合作社统一供应野猪各年龄段的饲料。

（5）统一饲养管理

在饲养管理上，合作社制定全面、科学的生产流程，并通过培训、经验交流会对社员进行培训，定期考核。评定母猪存栏量、商品猪出栏量、饲料用量、医药费用、健康与疾病比率等指标，年终按得分数予以奖励、分红，以激励社员的主观能动性，发挥创造性。

（6）统一销售

采取多渠道，选择价位高、信誉好、方便快捷的厂商统一销售，由合作社统一结算与分配。

（7）统一防疫

合作社组织专家制定科学的、适合当地疫情的防疫程序、防疫制度（包括消毒、驱虫、地方病特殊防疫），所用药品统一价格，使防疫治病制度化，有章可循。

2. 合作社的机构设置

（1）合作社办公室

负责审批入社成员，签订协议，社员档案记录，服务队伍和社员的培训，制定各种规章制度。

（2）服务办公室

负责基地种猪场、各社员分场、饲料加工厂、仓储、物流、兽医药、采购与销售等各职能部门的调配、协作以及各种制度的监督执行和服务。

（3）财务办公室

负责合作社各部门、各社员的账务收支，日清月结，报表公示。

（4）监督委员会

由政府官员、本社负责人、社员代表组成，对合作社的经营实施监督。委员会各职位均为义务服务。

3. 基地 + 农户

以基地为龙头，带动农民自愿加入饲养队伍，实行统一猪苗供应、统一饲料供应、统一保价回收的"三统一"模式。由于操作形式多样，成败各异，尚待进一步探讨。但这种形式无疑是规模化的一个模式，也是抵御市场风险的有力武器，所以，值得推广。

4. 协会、研究所

协会、研究会等形式的组织机构，以专家牵头，投资者主办，其作用与合作社大致相同，但更加宽泛，可以不受地域、场地、品种、行业限制地发展会员，把经济体做大做强。将养殖场、农户、加工厂、进出口贸易等环节通过一定方式联合起来，形成质量、利益协调运作的共同体，强化服务，减少流通环节，规模化进入市场，共同抵御风险。协会、研究所，要有一流水平的科研机构、经营机构、策划团队，及时协调各单位的生产方向和经济利益。特别对松散型的协会，一旦发生难以兼顾利益的问题，协会将面临解体。

5. 合作社组织案例

南宁市邕宁区野猪养殖协会产业化经营组织形式如下。

南宁市邕宁区野猪养殖协会是由 1997 年经工商部门登记注册的原邕宁县野猪场牵头组织，于 2005 年经政府有关部门批准成立。法人代表由南宁市"十大杰出青年"、自治区劳动模范、全国三八红旗手李冬兰担任。协会以野猪人工养殖为龙头，实行"协会 + 基地 + 农户"的运作模式与养殖户合作。即协会指导农户引进特种野猪种猪、商品猪饲养繁殖，提供技术服务，基地保价收购产品，再统一销售等一条龙服务，有力地推进了农业产业化进程，全面提高了组织生产能力，带动了农民增加收入。协会在进行上述运作中具体按以下几个环节操作：

（1）种苗繁育

由协会下属的核心养殖场（基地）进行。针对纯种野猪季节性发情、产仔少、生长慢、野性强、难以驯化等弊端，驯化杂交，培育出发情早、产仔多、生长快的新一代种猪苗。核心场目前每年可繁育 2 000 头杂交父母代野猪种苗，供农户饲养。

（2）商品生产

这个阶段由会员（农户）操作，农户利用协会提供的父母代种野猪，自繁自养出商品野猪。目前，协会 150 个会员育有 400 头种猪，辐射带动 390 个农户饲养 800 头母野猪，年生产上万头商品野猪。

（3）技术服务

这个环节由协会落实。野猪人工驯养是一个新兴的养殖业，很多技术要点在行业内还是新课题。为此，协会除了聘用畜牧专家为技术顾问外，还请业内行家对会员进行定期不定期的防病免疫技术培训，并协同核心场具有实践经验的技术人员进行巡视指导。

（4）产品购销

这个环节由协会下属的基地完成。会员繁养出的商品野猪达到一定规格后，由基地统一现金回收，再投放到基地仿野生态放养场，进行仿自然生态继续饲养，以提高野猪肉品质和风味。达到出栏标准后，再向市场提供天然、无污染、高品质健康肉食品，满足国内外市场对绿色食品的需求。

协会指导各系统进行繁育、生产、销售，为会员（农户）提供产前、产中、产后服务。该模式的运作不但得到上级领导的肯定，更受到广大会员（农户）的欢迎，发展规模不断壮大。由原来 53 个会员、180 头核心种猪扩大到目前 150 个会员、450 头核心种猪，带动农户 390 户，饲养母野猪 800 头，年销种苗 2 000 头，出栏上万头商品野猪的养殖基地，辐射周边 14 个县。协会产品被认定为广西无公害农产品。多方面的营销渠道使协会的商品野猪近销国内的南宁、广州、福建等省市；远销东盟的越南、缅甸、泰国等国家，形成了一个稳定的产供销网络，产品销售率达 100%，取得了较好的社会效益和经济效益。《南国早报》《广西日报》《广西科技报》《农村百事通》以及广西电视台等媒体曾多次报道。协会的下一步将打造自己的品牌，发展更多农户参与，以点带面，带动周边乃至全国较大规模发展，调整农业产业结构，增加农民收入，为实践科学发展观，为社会主义新农村建设贡献力量。

四、经营方略

1. 关注信息

创办野猪驯养场、饲养场，不仅各种证件要齐全，资金、种猪、饲料、销售、防疫也要准备充分。此外，在经营中还要关注以下信息。

（1）政策信息

及时了解、学习中央和地方政府关于农业发展的方针政策，调整养殖规模和技术措施。

（2）实用技术信息

关注业内发展趋势，业内技术革新，掌握最新科学技术。

（3）市场变化信息

农产品受市场调节作用的影响，时常出现变化，对养殖业影响很大。因此，要了解国内物价行情，关心国外市场信息。对所经营的场、所进行短期或长期的调整，做到与时俱进，走在市场的前列，防止盲目和经验主义。

（4）气象信息

冬季有寒流、大风降温、大雪、冻雨；夏季有台风、飓风、暴风骤雨、连绵阴雨、雷电、冰雹、干旱、洪涝灾害；春有春暖乍寒、返春；秋有连绵秋雨，阵阵寒潮：这都会给养殖业带来许多不利因素，给防病、供应、销售带来一定的困难。所以，预防就显得尤为重要，要及时了解当地气候变化，给猪场减少损失，增加效益。

（5）疫情信息

在经济、文化比较发达的地区，通过报纸杂志、广播、电视、通信、网络，调查了解养殖业各种疫情通报信息，通过咨询专家和有关部门，及时制定防范措施。

（6）网络媒体信息

网络信息是现代获取信息的重要途径，它具有快捷、灵活、方便及时等优点。建立自己的网站，经常上网了解所需信息，是当今经营不可缺少的明智之举。随着养殖场的发展，购销是重大业务，利用网络建立网站、电子邮箱，发布和互通本场信息，如采购、供应、商品交易、疫情通报、养殖资料、经验交流等，可以取得足不出户、事半功倍的效果。

对于信息，要去粗取精，明辨真假。在利用时必须考察，研究分析，并集大家智慧防诈防骗。

2. 销售

把产品以货币交换的形式卖出去，叫销售。凡上规模的饲养场均有专门销售的工作人员。可把客户分为3个类型，第一是完全可靠的买方客户，商业上也叫忠诚客户，是产品销售的支柱；第二是左右摇摆的买方客户，一旦市场发生变化，或价格竞争激烈时，这些客户可能流失，也可能争取；第三是无忠诚度的散兵游勇，市场紧俏，他们就来，市场疲软，无影无踪。要区别对待，采取依靠第一类，争取第二类，促使第三类转变升格的策略。

养猪场一旦把猪养出来了，销售就是迫在眉睫的问题。通常销售顺畅，价格高，猪场经营就能正常运作；反之，则面临生存困难而亏损或倒闭。销售环节历年经营中常犯的错误有以下几种：

（1）越贵越不卖

当生猪价格上扬，饲料价格下跌，本来是销售势头好的市场，但经营者怕早卖吃亏，越贵越不卖，结果外地生猪流入本地市场，致使供需日趋饱和，价格回落；加上本阶段饲料消耗，造成经济损失。

（2）越少越不卖

有的经营者缺乏市场意识，存储留足自给，固守物以稀为贵的理念，不管市场价格多高，即使物超所值，也要囤积居奇，以为市场永恒不变，结果错失到手的赚钱机会。

（3）坐等客上门

以传统观念销售猪产品，不去开发新市场，而是守株待兔，坐等上门客户，其结果不是卖不上好价钱，就是坐失良机。信息陈旧不灵，等来的是事与愿违。

（4）销售无质量观念

大的小的，肥的瘦的，混杂不等，统货出售，结果好的卖个次价钱，次的卖个低价钱。

（5）不经营别人的产品

在市场经济条件下，经营者不但要有生产观念，而且要有经营观念。在发挥自身优势的同时，要单独或联户联营。看准市场需求，及时组织货源，迅速推向市场，占领市场或增加市场份额，决不能闭门造车，夜郎自大。

（6）创新经营

随着社会的进步，消费习惯的转变，营销也需不断创新，一味跟风盲从，就没有新意；墨守成规，就可能落后，被市场淘汰；在买方市场情况下，缺乏科学技术含量，就没有竞争力；上规模、上档次、上品牌、注册商标，独具特色的措施，才是驾驭当今养猪业市场的法宝。

3. 销售三法四技

（1）三法

一是广告宣传法。利用广播电视、制作广告牌、组织文艺宣传队，在大中城市大张旗鼓地声、视并进。这种方法耗资巨大，可酌情使用。二是信息快递。利用电话、短信发送、邮政快递、传真等通信设备，向需要本场产品的客户发送信息。三是卖种苗猪、猪肉送名片。经过交易，双方取得一定信任，可顺势送名片以发展、维系回头客户，当客户确认本场产品物美价廉时，就会继续交易。

（2）四技

在做好"三法"的基础上，养猪场还要做好企业文化传播，注册商标；做好产品外形、包装的精美，内在质量的达标，诚信交易。猪产品销售四技法一是调查、研究市场。产品上市前要摸清市场的购销动向、行情、行势，找准销售对象，并建立稳定的直线销售渠道，减少中间环节，使产品顺利销售出去，取得良好效益。二是淡季不淡是销售中的调节艺术。猪肉产品的旺季与淡季相差很大，调节淡、旺，巧打时间差，使产品上市时间提前或推后，或保鲜贮存猪肉产品，使产品淡季不淡。为调节销售淡季，种猪也可采取母猪放养野外或山林，不配种，既节约饲料，又减少销售压力。但有机特种野猪养殖产业因刚刚起步，还不至于过剩。三是产品销售多路出击。使销售通过多种渠道，集群众智慧及人际关系，使产品分流销售，如外贸、国营肉产品专营、超市、屠宰场、购销批发商、物流公司、食品加工厂等。四是找空档。"物以稀为贵",非养殖区特种野猪的价格要高于产区,而产区由于货源充足,质量虽高但价格不高,如将产品运到非产区销售,设立专卖店或在当地找销售代理以布网点,都能取得很好的效果。

五、猪场的经营运作

1. 农家养野猪须注意的事项

由经营不善导致效益不佳,在养猪业屡见不鲜。养猪行业本来就是微利行业,当养殖规模定下以后,必须向管理要效益,向技术要效益。善于发现本场问题,科学分析解剖,对症下药,及时解决,才能把养猪场办好。根据全国养猪业的情况,总结出以下一些教训以供参考。

(1) 贪大求利,盲目扩场

农家饲养特种野猪,要稳步发展,根据自己的财力、人力,适当扩大规模。一要考虑市场风险;二要考察饲料原料的来源;三要考察当地养猪业的疫情,本场防疫治病的能力;四要考虑销售渠道是否畅通;五要考虑饲养管理技术,规模化管理能力:这都是必备的基本条件。如果经营本场刚有点起色,就盲目扩大规模,不管设计合不合理,实用不实用,到急需资金时捉襟见肘,东拼西凑,改变养猪的正常规律,不但规模扩大不了,反而造成损失,欲速而不达。

(2) 外行瞎指挥,内行无作为

外行当场长,内行当副场长,内行无法实施技术管理措施，说话、办事不得力；凡生产上的事，场长总想插手；凡生产例会，场长总要高谈阔论一番，等轮到内行副场长讲话，时间所剩无几或参会人员已没了情趣；猪场有了疫情，靠场长道听途说的秘方，场内管理混乱，矛盾重重。这样的场没有不倒闭的。

（3）家族式管理，任人唯亲

凡场内中层以上负责人均为场长亲属，不管素质如何，都当官。员工没有章法可循，全是领导意志，领导说了算，错的也是对的，对的也是错的。早晨科长布置的任务，中午就被场长否定纠正，下午又得整改，使员工无所适从。内行场长、技术员、兽医均被排斥，成为摆设，嫡系横冲直撞，我行我素。

（4）高优品种，低水平饲养

引进一流设备，一流种猪，但设备不能充分发挥作用，种猪用低次的饲料喂养，营养跟不上，优良性状发挥不出来；使用最便宜的药物，结果全是假药。营养不良加上缺医假药，再加上掏钱色变，再好的条件也白搭。

（5）流行病不断暴发，防疫意识差

野猪饲养场一旦引进种猪，就应立即健全防疫措施，流行病传染病一旦发生，损失严重，此时再想根除，需花大本钱，效果也不会理想。如果一个养猪场经常更换称职的技术员、兽医，其前途堪忧，效益也不会好。

（6）经营理念陈旧

无目标，无计划，不做核算，走哪算哪。年底结算，效益总不好，除市场因素外，不重视成本核算是主要因素，如饲料报酬低，浪费严重；使用进口药物，价格高；场内管理人员超编，工资开支过大；销售产品价格不进行成本核算，价格偏低。因此，效益不高，盈利较少。

2. 农家适宜的几种养猪模式

农家可利用自己承包的土地种植饲料作物，如玉米、大豆、甘薯、牧草等，滚动式发展；利用庭院、荒废的土地，充分发挥资源优势，经营小规模猪场。适宜农家的养殖方式，从类型上可以分为以下 3 种：

（1）以饲养商品猪为主

在圈舍达 10 间以上者，每年 1～8 月初，每月分别购进断奶仔猪 10 头育肥，以育肥期 5 个月计算，可分别在 6 月、7 月、8 月、9 月、10 月（中秋节上市）、12 月、1 月（春节前上市）上市。这种方法，技术简单易操作，适合刚办场的农户。可利用分批购进、分批出售的饲养管理模式，培养一批饲养管理技术工人；利用有限的资金滚动和自产的饲料原料，第一批接济第二批，第二批接济第三批，以此类推，把有限的资金盘活。

（2）以出售仔猪为主

圈舍设备在 10 间以上，具有饲养家母猪的经验，有较可靠的资金来源，有防疫治病的兽医知识，有当地较好的仔猪销路，即可采用此类型办场。在每年农历冬至后到来年 5 月分别配种，秋季 7 月、8 月、9 月份分别配种，饲养母猪在 10 头以上，供应育肥专业户仔猪。此类型以繁育为主，节省人力，但技术要全面，种猪种系要清晰，防止近亲；仔猪质量要高，出售前要完成防疫、阉割；其他服务性工作要跟上，并严格消毒制度。

（3）自繁自育

即以上两种类型的综合。自养母猪，所产仔猪自己育肥。技术要求比较全面，资金比较雄厚，人力资源丰富（家中劳动力多、社会上人脉广），自然资源丰富，销售渠道顺畅。

（4）多户联营和加入可靠的经济合作组织

联营组织是由一村、一乡、合作社、协会有计划、有目标地合理布局，做到福利共享、风险共担，或由经济组织统一操作，农户只管养，产前、产后工作都由经济组织承担。农户可不考虑资金缺乏、饲养管理技术高低差别、饲料供应、销售产品、防疫治病等一系列问题，只要按要求操作就行了，对于那些既无资金、又无技术的农民无疑是一条致富的出路。经过三批育肥，提高自己的养猪技术和劳动力素质，并能促进承包土地，提高有机种植产量，发挥资源优势，提高农业的整体效益，同时，稳定"三农"。

六、投入—产出分析

野猪是国家二级重点保护野生动物，在保护自然界群体数量的情况下，用纯种野公猪与优良家母猪经过科学的杂交繁育，形成了集野猪、家猪的优点之长，具有美味、营养、保健三大优势的新猪种。既优于纯种野猪，又比家猪肌肉含水量低，肉质鲜嫩不油腻，骨汤透明，清香鲜美，营养价值很高，是天然绿色的保健肉品。特种野猪养殖在 2003 年被国家确定为《科技成果重点推广计划》。为发展经济，满足美食需要，把保护野生动物工作做到实处，发挥野生资源优势，利国富民，特做以下投入—产出分析，作为投资者的参考。

1. 确立项目

要形成规模，一般小型驯养场须引种 100 头 50% 血缘的母猪，5 头纯种野猪公猪，以自然的方式杂交制种，杂交后的仔猪即可作商品猪上市。全年可生产 1 200 头 80 千克体重的商品特种野猪，产值 288 万元，可局部缓解市场野猪肉供应紧缺的局面。

2. 投资

① 基础种群投资：按当前市场价计算，每头 10 千克体重的种母猪售价 1 000 元，100 头总价 10 万元；纯种野公猪每头 0.5 万元，5 头总价 2.5 万元，合计 12.5 万元。

②猪场基础建设投资：猪舍，可分母仔舍、育肥舍、公猪舍、隔离舍等四类，需 200 间，每间投资 2 000 元，合计 40 万元。

③生产服务设施建设：饲料储藏室、加工车间、办公室、食堂、餐厅、职工宿舍、消毒洗浴、厕所、值班室等约 50 万元。

④用电设施：近距离 5 万元。

⑤饲料加工机械：7 万元。

⑥场地租金：场地 50 亩，租金每年每亩 500 元，以 2 年

为一个周期，共 5 万元。

⑦饲料费用：第一个周期 16 个月，种猪饲料费用为 105（种猪头数）乘以平均每头每天 2 千克，再乘以 480 天，再乘以每千克饲料价格 3 元，共计 30.24 万元。第 12 个月加 600 头仔猪育肥饲料费用，计算方法是 600 乘以 2，再乘以 180，再乘以 3 元，共计 64.8 万元，16 个月总饲料费共 95.04 万元。

⑧其他费用：2 万元。

⑨管理费用：饲养员工资，按每人每月 1 000 元，需 10 名饲养员，16 个月费用 16 万元，另加兽医、后勤人员、保安等 10 万元，共计 26 万元。

⑩防疫费：1 万元。

⑪水电费：2 万元。

合计投资 235.54 万元。

3. 特种野猪场产出经济效益分析

自引种驯养到第一批育肥猪出栏，需 16 个月，可出栏 600 头育肥猪，按每头 75 千克计算，共 4.5 万千克，每千克 30 元（目前市场价），可售人民币 135 万元。第一个周期 16 个月过后，每 6 个月轮回一批次育肥，收入 135 万元。每批支出饲料费用 64.8 万元，加种猪饲料费 11.34 万元，工资 14 万元，水电及其他费用 5 万元，共 95.14 万元。可盈利 40 万元，两年基本收回投资。注：本投入—产出书为 2009 年做，与当今市场差异很大，读者仅做参考，利用本书形式与方法做"项目计划书"。

第十章 特种野猪有机产品的加工与烹饪

特种野猪有机肉，肉色鲜红，风味香醇浓郁，蛋白质、氨基酸、亚油酸含量高，脂肪含量低，具有三高一低的营养优势，其皮、骨及内脏器官均有保健作用。因为特种野猪的养殖、利用尚在起步阶段，更科学的深加工尚待开发。但特种野猪的养殖和其他野生动物养殖利用一样，产品深加工仍是重要的一环。在目前的条件下，特种野猪肉产品加工仅限于临时贮存和为销售渠道的初加工，没有过剩。因此，这里仅介绍几种简单的加工方法供饲养场、户参考。

一、屠宰及胴体加工

1. 加工的因素

由于出栏日期处于不利于销售的淡季，价格低迷，不能及时销售完一批屠宰猪肉，运输不畅等原因，为提高经济效益或应急，根据贮存时间长短采取冷冻或冷藏或其他深加工方法。如需长时间销售，气温高于10℃以上，应采取冷冻贮存，冷库内温度应在零下 -18～-16℃；如果几天之内就可销售一空，可采用冷藏的临时措施，温度设置在0℃左右。冷冻和冷藏方法在非特殊情况下不要使用，因为冷库的冷冻成本加猪肉损耗，会降低整体效益。特殊情况首先是指在大的疫情降临前，对已达到出栏标准的育肥猪，成批宰杀，以防造成较大损失；其次是仔猪进入育肥期而无圈舍，缺乏设备，而应出栏的育肥猪没能及时卖出，为维持正常生产而成批宰杀的商品野猪；最后是自然灾害的发生，运输不畅，饲料严重短缺或人为的障碍等情况。特种野猪育肥商品猪一般应在体重 75～100 千克出栏，低于 75 千克肉味缺乏香醇，高于 100 千克肉皮较厚，肉质较"柴"、较粗，口感较差。

2. 腌制加工法

将野猪屠宰后的肉制品进行腌制咸肉、火腿等加工保存，是传统的贮存方法。腌制法的工序是盐腌、烟熏、风干。腌制时除盐以外，往往还加硝石和砂糖，可以防腐，改善风味。烟熏是将肉先腌后，再进行熏烟。熏烟有冷熏法、温熏法，可使烟中的木油醋酸起到防腐的作用。

3. 酱肉制法

配料：酱油、烧酒、茴香、八角、桂皮、花椒。

原料：野猪五花肉，切成整齐方块，厚度不超过 7 厘米，每块重 1 千克，每 100 千克用 4 千克盐腌，让肉腌出血水，然后放配料缸内浸 3～4 天，肉要被酱油全部淹没，然后捞出，晾挂晒干或微火烘干即成。食用时用温水浸泡柔软，上锅蒸馏，再配以其他蔬菜翻炒或凉拌。

二、特种野猪的烹饪与食用菜谱

家猪不如野猪香，吃草野猪更加香。野猪肉质精瘦，皮厚嫩脆，味道鲜美，野味浓厚，是宾馆、酒楼力求的山珍野味。下面是野猪产品的加工菜谱。

1. 浇汁金针菇野猪卷

【主料】野猪里脊、金针菇。

【调料】蚝油、酱油、鸡粉、姜片、大葱、八角、盐、味精、生粉等各适量。

【制作方法】

①将野猪里脊切成片。

②金针菇投入盐、味精、蚝油、生姜调制入味。

③将金针菇卷入野猪里脊片中成卷状，卷外滚沾一层干粉。

④锅内放油，烧至四成油温时，投入野猪肉卷炸熟捞出。

⑤锅内留底油，加入高级酱油、鸡粉、盐、味精、葱段，放入野猪肉卷至入味，勾芡即成。

【特点】滑嫩爽口、鲜香无腥、回味悠长。

2. 红扒野猪蹄髈

【主料】野猪蹄两只。

【调料】盐、糖、味精、酱油、葱、生姜、黄酒、花椒、八角、小茴香、桂皮各适量。

【制作方法】

① 将蹄去毛制净，在内侧竖划切开肉皮，下沸水锅里稍烫取出待用。

② 锅置旺火上，放入猪蹄，加酱油、糖、葱、姜片、盐、料酒各种香料及清水，置小火上烧 4 个小时，待蹄用竹筷一戳即破、肉质软烂、收汁味浓透时，起锅装盘即可。

【特点】色泽红亮、肉烂滑嫩

3. 串烧野猪肉

【主料】野猪里脊肉、青甜椒、红甜椒、黄皮洋葱头。

【调料】盐、味精、生姜、大蒜、鸡粉、生粉各适量。

【制作方法】

① 将野猪里脊肉切成 0.5 厘米片，加入调料腌制。

② 青椒、红椒、洋葱切成与里脊肉大小的片状。

③ 竹签按一片肉、一片青椒、一片红椒、一片洋葱的顺序串起来。

④ 锅内放油烧至四成热，投入肉串炸至八成熟倒出。

⑤ 锅内留底油，投入各种调料及高汤，加入肉串，烧到入味，装盘即可。

【特点】色泽艳丽，形美味醇，营养保健。

4. 红袍野猪肉

【原料】野猪肉 750 克，红烧椒 100 克。

【调料】生姜、蒜头、葱、八角、桂皮、香叶、盐、味精、胡椒、小茴香、老抽各少许。

【制作方法】

①将野猪肉切成 2 厘米见方的块状，下入开水中焯水捞出。

②锅置火上，放入野猪肉炒出油，分别加入生姜、蒜头、八角、桂皮、香叶各种香料进行煸炒，加入高汤烧，放入盐、味精、胡椒、小茴香、老抽，烧到全熟为止。

③锅置火上，放入备好的红泡椒，与烧好的野猪肉一起炒，到泡椒酸辣味突出，加入高汤烹制即可。

【特点】野猪肉嫩而不腻，辣味突出，略带酸味。

5. 麦香野猪排

【主料】野猪直排 750 克，葱段、姜片、生粉、糯米粉、鲜玉米段各适量。

【调料】花生酱、排骨酱、芝麻酱、大红色素蚝油、料酒、奶粉各适量。

【制作方法】

① 将野猪排切成 2.5 厘米长的段，加调料腌制后，冲净血水，沥干。

② 将上述调料调成复合酱，再倒入排骨拌匀。

【特点】奶香味、回甜、特嫩、色泽橙黄。

6. 龙眼野猪肉

【主料】野猪肚皮肉、水发莲子

【调料】盐、酱油、色拉油、腐乳汁、味精、生姜、八角、葱段、生粉各适量。

【制作方法】

① 卤锅内下调料制成卤汁，放入一块肚皮肉，煨至成熟时捞出。

② 炒锅内放油置旺火上烧热，放入肚皮肉，炸至皮起酥捞出，用重物压平放冷，切成片状。

③每片肚皮肉放一颗莲子，卷成卷状，皮朝下扣入碗中，依次类推，直至碗满。碗内放入卤汁，上笼蒸熟，扣入盘中即成。

【特点】荤素搭配，红白相间，味道香醇，肥而不腻。

7. 栗香野猪肉

【主料】野猪腿肉 750 克，板栗 100 克。

【调料】生姜、蒜头、干尖椒、八角、香叶、金华火腿、盐、味精、糖、白酒各适量。

【制作方法】

①将野猪肉切成 2 厘米见方的块。

②锅置火上，放少许油，投入野猪肉煸出油分，依次下入生姜、蒜头、干尖椒、八角、桂皮、香叶等香料，煸炒出香味。

③火腿切成小块，与野猪肉一起烧成半熟，再加入板栗，烧熟透即可。

【特点】野猪腿肉嫩而不腻，栗香肉糯味浓，色泽金黄光亮。

8. 千张野猪肉

【主料】野猪肚皮肉，梅干菜

【调料】盐、酱油、胡椒、麻油、葱、生姜、金酱、腐乳汁、豆豉、味精、生粉各适量。

【制作方法】

①野猪肚皮肉刮洗干净，加清水用旺火煮熟捞出，用金酱涂匀。

②锅内放麻油烧至六成热，将肚皮肉下锅炸约两分钟，待呈红色时放菜板上压平，再放入冰箱冻硬后，切成薄片。

③取大碗一只，肉片皮朝下整齐地码入，而后加五香豆豉、盐、味精、腐乳汁、梅干菜，用旺火蒸两小时后取出，翻扣入盘，淋麻油。

【特点】肉柔润，味道香醇，嫩而不腻。

9. 东坡野猪肉

【主料】：五花肉1 000克、芥蓝菜100克、葱3克、鲜姜1块、大蒜1粒。

【调味料】：高汤6杯、酱油8大匙、冰糖6大匙、米酒3大匙、八角2粒、小茴香、花椒少许。

【制作过程】

①五花肉和芥蓝菜洗净，葱洗净，大蒜去皮，姜切片。

②锅中倒适量植物油加热，放入五花肉炸至外皮呈金黄色，捞出，切大块，锅中留1大匙油加热，放入芥蓝菜快炒至熟，盛起。

③锅中倒入调味料煮滚，放入五花肉、葱、姜、大蒜，小火煮3小时，熄火，盛在芥蓝菜上即可。

10. 菊花火锅

【制作方法】

将鲜菊花瓣浸入温水中漂洗，捞起放入笊篱中滤净，暖锅里盛着原汁肉汤，桌上备有切好的特种野猪肉薄片，投入火锅时须抓一些菊花瓣投入汤中，所产生清透和鲜美特别奇特，令人胃口大开。菊花具有清热明目的功效，特种野猪肉富含亚油酸，是美味保健的名吃。

三、历代对野猪的食疗保健论述

我国中医药学、中食疗学起源历史悠久，博大精深，是在人类进步和发展中不断积累的宝贵资源。特种野猪的产业化发展，能够满足人们渴望绿色、自然、返璞归真，滋补保健的需求。下面介绍汉代以来有关野猪的食疗保健论述。

（1）肉

甘、咸、平，《草本衍义》载：味甘。《本草纲目》载：甘、平、无毒。《医林》载：甘、咸。主治虚弱羸瘦、便血、痔疮出血。《食疗本草》载：辅治癫痫、补肌肥、肉色赤者，补人五脏，不发风虚气也。《目华子本草》载：主肠风泻。《医林纂要》载：祛风治痹。

（2）皮

辅治恶疮。《本草纲目》载：烧灰，涂鼠瘘恶疮。食用能消除高度疲劳和小孩发育不良，人体代谢紊乱，生殖机能障碍等症状。

（3）肝

补肝明目养血，用于面色血虚萎黄、夜盲、目赤、水肿、脚气等症，煮汤食之。

辅助治疗营养性弱视、近视、夜盲：野猪肝一具去筋膜，切细，葱白一根和之熬制为羹，临熟打一鸡蛋投内而服之。

（4）脂

脂又名野猪膏，即野猪的脂肪。《食疗本草》载：辅治妇人无乳。令妇人多乳：野猪膏炼令精细，以二匙和一盏酒服，日三服。《目华子本草》载：悦色，除风肿毒疮，疥癣。

（5）心

养心安神补血。治心血虚所致心悸，面色不华等症：野猪心1个，大枣10个，与野猪心共煮汤食之。治产后风邪，心虚惊悸：猪心1个与豆共煮食之。

（6）骨

辅治儿童与中、老年缺钙。骨科手术后疗养食补。

参考文献

［1］黄荣生，等．疾病防治篇．《科学养猪一月通》．

［2］中国农学会．畜养殖篇．《有机农业110》．

［3］愈志诚．《野猪驯养与繁殖》．